纺织服装高等教育"十四五"部委级规划教材

服装表演技能

（新形态教材）

郭海燕　著

东华大学出版社

·上海·

图书在版编目（CIP）数据

服装表演技能 / 郭海燕著. 一上海：东华大学出版社，
2021.9
ISBN 978-7-5669-1938-0

I. ①服… II. ①郭… III. ①服装表演－高等学校－教材
IV.①TS942.2

中国版本图书馆CIP数据核字(2021)第134817号

责任编辑　徐 建 红
书籍设计　东华时尚

出　　　版：东华大学出版社（地址：上海市延安西路1882号　邮编：200051）
本 社 网 址：dhupress.dhu.edu.cn
天猫旗舰店：http://dhdx.tmall.com
销 售 中 心：021-62193056 62373056 62379558
印　　　刷：上海颛辉印刷厂有限公司
开　　　本：889mm×1194mm 1/16
印　　　张：7.25
字　　　数：250 千字
版　　　次：2021年9月第1版
印　　　次：2024年5月第2次
书　　　号：ISBN 978-7-5669-1938-0
定　　　价：68.00 元

序

"教育兴则国家兴，教育强则国家强。"党的十八大以来，习近平总书记从理论和战略高度指明了新时代高等教育乃至整个教育发展的重大使命，在社会各界特别是在广大教师中引起热烈反响，需要我们深入思考，准确把握，全面落实。

服装表演作为传承和表达中国文化精神的载体之一，是我国文化艺术的重要组成部分，是现实生活、时代精神和审美意识的重要艺术性表达，服装表演艺术的影响力和传播效果直接关系整个社会的审美风尚。因此，服装表演艺术必须弘扬真善美，对整个社会风尚起积极的影响和引导作用。

服装表演艺术是融合了服装设计、形体训练、舞台表演、音乐等多学科的表演艺术，强调用"肢体语言"来表现创作意图。服装表演运用站姿、造型、转体等动作，以及手臂、躯干、腿、头部等肢体语言表达思想、展示自我。肢体语言具有个性化的特点，服装模特通过动作造型表现了对生活的理解。模特是服装表演的载体，同时又是服装表演的主体，无论是静态展示还是动态表演，都依托于模特的表现力。服装表演要求模特掌握专业的表演技能，有敏锐的时尚洞察力与创造力，不仅能够自信地展示自我，还要对造型、服装、形象有独特的审美鉴赏能力。

服装模特表演技能的稳定发挥与服装表演效果有着密切的关系，表演技能娴熟的模特能够把注意力集中投入到服装表演中去，展示不同类型、风格服装的特色。《服装表演技能》通过全面有效的训练提升模特的综合表演素质，使其能适应时尚文化发展的需要，在各种服装表演中灵活塑造不同风格、不同款型、不同气质类型的服装人物形象，为成功的展示打下扎实的基础。

（武汉纺织大学服装学院教授）

　　本书结合了本人多年的教学经验，以服装表演专业的综合理论为切入点，对服装表演理论进行了详细阐述，重点从实训视角对服装表演的静态与动态展示进行了深入研究，在模特造型与转体规律上进行了理论阐释与技术应用示范。各章节配有教学视频（扫书中二维码，即可观看就近章节内容相关的教学视频），重点突出，扩展了基础训练内容，强调教学的实操性。本书适合于高等院校服装设计、服装表演及时尚传播等相关专业师生使用。同时，也可以作为广大服装表演爱好者的参考用书。

　　本书的撰写以及相关视频的拍摄得到很多人的支持和帮助。感谢家人的支持和理解，感谢超星集团协助录制课程视频，感谢武汉数字化老年大学协助录制练习视频，感谢东华大学出版社的领导以及编辑老师们对本书的肯定与辛勤付出。

　　作为高校教师需要不断地迎接新的挑战，在实践中不断完善和提升自我。书中可能有不尽如人意之处，还恳请和欢迎专家学者批评与指正！

| 目 录 |

| 第一章 |
服装表演发展历程

第一节　服装表演起源与发展

一、玩偶时代

任何事物的出现都要经过漫长的发展过程，服装表演即源于"玩偶礼品"的出现。这是 14 世纪末流行于法国宫廷的一种时尚，1391 年，法国查理六世的妻子巴伐利亚的伊莎贝拉王后（图 1-1）发明了一种叫作时装玩偶（Fashion Doll）的礼品，送给了英国国王理查德三世的妻子安妮王后。这种时装玩偶用木材和黏土制成（图 1-2），和真人大小相似，伊莎贝拉为玩偶穿上当时宫廷的新款时装，整体造型非常时髦漂亮。这些服装玩偶已经有些类似于现代陈列在时装店的人体模型了，只是时装玩偶用于宫廷贵族的生活消遣与时尚传播，而陈列在时装店的人体模特则具有商业促销作用。

时装玩偶的出现，使贵族阶层的人们争相模仿，从一个宫廷赠送到另一个宫廷，在当时形成一种礼仪和风俗。即使在战争时期，赠送玩偶的活动也没有停止过，时装玩偶的魅力和对社会所起的作用非常大，这种用于赠送的礼物也被称为玩偶模特。

到了 16 世纪，法国设计师罗斯·贝尔坦（Rose Bertin）（图 1-3）最先在商业活动中使用人造的模特，有时为了宣传自己的服装作品，他也将服装连同人造模特一起送给高级顾客。

图 1-1 法国查理六世的妻子巴伐利亚的伊莎贝拉王后

图 1-2 类似于时装玩偶的人造模特

1896 年，在英国伦敦首次举办了玩偶时装表演，并获得了巨大成功。在时装表演史上，这场表演被称为玩偶模特秀，这是现代时装表演的最早发端。

二、沃斯时代

查尔斯·弗莱德里·沃斯（Charles Frederick Worth）（图 1-4）是一位开创法国高级时装的英国人，是第一个使用真人时装模特的人，是现代时装表演的奠基者。1845 年，沃斯让漂亮的法国姑娘玛丽·韦尔娜披着披肩在顾客面前展示效果，取得了很好的商业效果与评价，此举开创了真人模特表演的先河。玛丽·韦尔娜不仅成了世界上第一位真人时装模特，后来也成了沃斯夫人（图 1-5）。沃斯时代的到来，标志着真人模特展示时装作品的开始。此后，沃斯创办的高级成衣店经常采用真人模特展示服装，不仅使生意愈加兴隆，同时也成就了沃斯的事业发展和扩大（图 1-6）。在 1851 年的伦敦万国博览会上，沃斯设计的礼服得到极大好评；在 1855 年的巴黎全球博览会上，沃斯运用真人模特展出新礼服，成为世博会上一处亮丽的风景，最终荣获金牌。随着需求的增长，他又雇用了几位年轻漂亮的女郎组成时装表演队，专门从事时装展示工作，这就是世界上第一支时装表演队的由来。

三、发展期

20 世纪初，时装表演进入了发展期。欧洲一些大型的服装店都定期举办时装表演（图 1-7）。当时表演时装的女子被称为"模特小姐"，后来又叫作"模特"。

1908 年，著名的女装设计师露西尔·达夫·戈登夫人（Lucile Duff Gordon）（图 1-8）在伦敦

图 1-3 法国设计师罗斯·贝尔坦

图 1-4 查尔斯·弗莱德里·沃斯

图 1-5 玛丽·韦尔娜

图 1-6 伯爵夫人穿着沃斯
设计的晚礼服

图 1-7 20 世纪初期欧洲的服装表演

的汉诺佛广场举办了女式套装展示会，这是英国第一次真正意义上的时装表演，也是真正具有规模的时装表演。据记载，当时在演出前会安排专门负责迎接顾客的人员，并发放一份详细的节目单，模特在乐队演奏的乐曲声中先后出场。这之后的时装表演开始朝着艺术性和欣赏性的方向发展。

1914 年 8 月 18 日，芝加哥举办了美国的首次服装表演，参加这次展示会的人员有 5 000 多人，有 100 名女模特现场展示了 250 套各式新款服装，整个活动被拍成了电影，这使更多的人能够在当地的剧院里观赏这次盛况。表演的舞台做得非常巨大，还有一条一直延伸到观众席的通道，这可以说是 T 台的雏形了。

20 世纪 20 年代出现了摄影模特，巴黎《时尚》杂志的编辑第一个将走台模特的照片运用到杂志中去。随着时尚摄影的蓬勃发展，对模特的需求开始增长，由此，1928 年，约翰·罗伯特·鲍尔斯（John Robert Powers）（图 1-9）创立了美国第一家模特经纪公司，从事模特管理与中介工作。随后又出现了一些专门从事时装表演制作的职业制作人和其他一些模特代理公司。时装模特产业日益壮大并走向成熟。

1937 年，美国首次在时装表演中引进了男装表演，由此男模诞生了（图 1-10）。20 世纪 30 年代涌现出一批明星模特，时装模特开始变成一个令人注目的职业。媒体报道的大量介入，也使时装表演成为时尚生活的一项重要内容。

1946 年，艾琳·福特创立了福特模特经纪公司（Ford Models）。福特早期的模特几乎占据了 20 世纪 40—50 年代各大时尚杂志的封面，公司所制定的一些业内规范沿用至今，包括模特的培养与训练流程等（图 1-11）。

随着时尚业的发展，对职业模特的需求迫在眉睫。1957 年，美国模特朵莲丽（Dorian Leigh）（图 1-12）在巴黎开办了欧洲第一家模特经纪人公司。

图 1-8　露西尔·达夫·戈登夫人

图 1-9　约翰·罗伯特·鲍尔斯

图 1-10 20 世纪 30 年代男装表演

图 1-11　福特模特经纪公司

图 1-12 朵莲丽

20世纪60年代，威廉敏娜·库珀（Wilhelmina Cooper）（图1-13）常出现在高级时装摄影中，并且以她那雕塑般成熟的表情而闻名。英国女孩简·施林普顿（Jean Shrimpton）（图1-14）身高176 cm，拥有姣好的形象和镜头前的超强表现力，成为60年代超级名模。

20世纪60年代具有代表性的模特还有1949年出生的崔姬（Twiggy）（图1-15），她身材瘦小，大眼睛，短发，男孩般身躯、迷你裙着装和短发风貌引发了新一代潮流，重塑了人们对模特的审美观念。60年代之前较为流行高贵典雅、气质非凡的巴黎模特，但崔姬的出现改变了大众的态度，时装秀舞台上出现了更多率性洒脱的模特形象。这是20世纪60年代时尚的典型。

20世纪70年代，模特容貌出现多样化。娜奥米·西姆斯（Naomi Sims）（图1-16）是成为超模的第一位黑人模特。她频繁出现在主流时尚杂志的封面。

20世纪80年代末，模特业发生了大的细分化变革。小型的模特公司致力于模特开发，而大型公司则将模特按年龄、身形、样貌分门别类。

20世纪90年代，一大批"超级名模"涌现出来。比如辛迪·克劳馥（Cindy Crawford）（图1-17）、娜奥米·坎贝尔（Naomi Campbell）（图1-18）、克劳迪娅·希弗（Claudia Schiffer）（图1-19）等，与此同时，模特业的经营也进一步呈现出发散的趋势，介入广告、影视、娱乐等产业。超级名模成为许多国际品牌的代言人，她们家喻户晓，成为优雅、时尚、高贵的代名词。

21世纪，服装表演经历了漫长的演变过程，出现了丰富多彩的局面，地域上的急剧扩散，各种形式的不同种族的模特，以多元化肤色改变了白人模特占时装市场主流的状况（图1-20）。

图1-13 威廉敏娜·库珀

图1-14 简·施林普顿

图1-15 崔姬

图1-16 娜奥米·西姆斯

图1-17 辛迪·克劳馥

图1-18 娜奥米·坎贝尔

图1-19 克劳迪娅·希弗

图1-20 多元化的模特形象

现在的服装表演行业，随着从业人员的日渐成熟，呈现出更为多元化的面貌；从经营决策者到艺术策划人，从超模到舞美，都能让人们感受到日新月异的变化（图1-21）。在时尚的今天，几乎每天都要面对从未接触过甚至没有想过的变化，可以说服装表演行业的发展速度之快，规模化经营程度之高，都足以让其他行业刮目相看。

图1-21 2020—2021秋冬米兰《Ports 1961》秀场

第二节 20世纪初期中国服装表演的开端

20世纪初期，西方思想与文化的传入使封建的中国变得开放和富有朝气，尤其表现在对服饰美、形体美方面的思想进步。五四运动冲击了封建旧式家庭的模式，让女性可以走出家庭束缚，呼吸外界的新鲜气息，为中国女性美的传播奠定了时代的条件。随着服装业的不断发展，社会观念的逐渐开放，中国的服装表演也应运而生。

一、早期中国服装表演发端

中国第一次有文献可证的服装表演是在1926年12月，由上海联青社在夏令配克戏院主办的"时装表现游艺大会"。服装表演这种形式在当时被称为"时装表现会"，是游艺会中的一个环节。这场服装表演并不是单纯的服装表演，而是一场慈善募捐性质的演出，"模特"由当时的大家闺秀名媛担任，是上海第一次服装表演活动，也称为"破天荒"的表演，展示的服装包括了一年四季的款式类型。

据《申报》在后续的《联青社游艺会预志：最出色之一种游艺——时装表演》中的报道文字可以看出服装表演的意义所在以及受欢迎的程度，之后紧接着组织了第二场服装表演。第二场服装表演已经具有了现代服装表演的雏形，并具备了一定的商业价值（图1-22）。

二、20世纪初期服装表演的商业性体现

服装表演在欧洲本身就是因商业推广而兴起，起到演绎流行趋势、引领时尚消费的作用。在20世纪初期，商业促销类服装表演最具社会影响力。20世纪20年代后，我国开始出现了一些纺织厂、丝绸厂和服装公司，他们将服装表演作为商品宣传形式，最终达到盈利目的，具有代表性的有：

（一）云裳时装公司的服装表演

云裳时装公司由唐瑛与陆小曼等人合资，于1927年在上海创办，是首家以女装为主的时装公司。由于其具有流行的时尚设计理念和成熟的广告营销方式，成为上海当时流行的时装品牌，在推动现代中国女性服装业发展方面起到了一定的作用。

云裳公司每当有新款推向市场时，会在店内召开"产品发布会"，邀请各界知名人士前来观看捧场。云裳公司还多次参与或举办服装表演活动，利用各种社会平台推广品牌，在1927年9月举办的汽车与时装展览会中出现了6位身着云裳所制旗袍的女性为公司宣传（图1-23）；很快，"云裳"时装也走向了北京和天津等地，成为时尚女性不可缺少的装扮。

（二）百货公司的服装表演

先施百货是上海第一家大型百货公司，也运用服装表演的形式展开了新的营销模式。1930年3月，先施百货在大华饭店连续8天举办商业性质的服装表演活动，这次连续性的服装表演类似于现在的时装周。通过此次服装表演，先施百货大力推广新式服装及面料，并派设计师专门为女性设计专属款式，别出心裁。先施百货公司的服装表演活动推动了上海服装业的发展，也提升了国货的销量。

永安百货公司将一些相貌身材姣好的营业员组织成服装表演队（图1-24），穿着国产时装进行展示，成为当时的时尚。永安公司在与其他大型百货公司的竞争中，非常重视宣传的作用，除了在报纸杂志上刊登广告，还创造了许多新颖别致的宣传方式，包括举办服装表演、商品操作表演、美容表演等多种形式的宣传活动，有效地扩大了公司的影响，使永安公司保持了在华资大型百货公司中的领先地位。

（三）鸿翔时装公司服装表演

上海第一家时装公司鸿翔时装公司组建了表演队，定期举办鸿翔时装表演（图1-25）。1933年，美国芝加哥筹开世界博览会，鸿翔时装公司制作了六件款式新颖的改良旗袍在世博会上展出，获得了

图1-22 1926年上海联青社游艺会

图1-23 汽车展览会中穿着云裳新装的女性

图1-24 永安公司时装表演

银质奖。这不但是中国人制作的女子时装首次在世博会上获得大奖，同时，也标志着中国女子时装开始步入了国际时装大舞台。

1934年11月27日、29日，鸿翔时装公司与百乐门大饭店等为筹募吴兴福音医院经费，在静安寺西愚园路口的百乐门大饭店联合主办了"明星名媛时装表演大会"，此次服装表演分两场，27日由名媛表演（图1-26），29日由明星表演。

（四）美亚织绸厂时装表演

美亚织绸厂是20世纪初期中国规模最大、最具代表性的织绸厂之一，在时装的经营、推广上更是富有先创性。1930年10月30日，美亚织绸厂为庆祝建厂10周年，在上海大华饭店舞场举办了"十周年纪念特别茶舞时装展览大会"。表演由上海美亚织绸厂的总经理、清华学堂留美归来的蔡声白先生负责，当时舞美设计和设备都非常先进。在跳舞场中间搭建圆台，并设活动长桥连接，以便时装表演时全场视线清晰无碍。表演时模特从化妆间经过长桥，伴随音乐缓步登上中央圆台，绕圆台一周后依次进入后台（图1-27）。由于这一活动规模属国内首创，《申报》对此连续三天作了报导，在上海引起轰动。

除独立举办时装表演外，美亚织绸厂还与先施公司（图1-28）、永安公司（图1-29）等当时上海的知名百货公司联合举办了多次时装展示，并通过与当地时装经销商、时装面料经销商合作的形式，在各地举办时装表演和时装面料促销活动。

图1-25 鸿翔时装表演队

图1-26 1934年11月27日参加百乐门大饭店时装表演的上海名媛

图1-27 美亚织绸厂在上海大华饭店举办的十周年时装表演

图1-28 美亚织绸厂与先施公司联合时装表演　图1-29 美亚织绸厂与永安公司1935年联合夏令时装表演中的时装作品

1934 年，上海美亚织绸厂已经拥有 22 位时装模特。蔡声白先生不但经常组织模特营销表演，还将表演拍成电影，远赴东南亚推销宣传。美亚织绸厂在运用服装表演推销丝绸的探索上造诣极深，并为中国丝绸业注入了新活力、开拓了新道路，对中国服装表演的发展具有重要的促进作用。

三、20 世纪初期中国服装表演的文化性与公益性

（一）20 世纪初期服装表演的文化性传播

服装随着人类社会发展而不断变化，体现了不同时代人们的生活方式，也反映了人文思想的进步。服装表演在某种程度上是服装文化和先进思想的传播与交流。如 1928 年 1 月 11 日，万国美术社在北平协和大礼堂发起了一场"古今妇女服装表演会"，模特们身穿不同时代的服装饰演不同角色进行表演，最后谢幕时，穿古装的模特与穿时装的模特分别站立在舞台两侧，形成鲜明对照，使观众对古装与时装在款式风格等方面的不同一目了然，对于传播服饰文化十分有益。

文化性服装表演通常在活动中展示来自不同时代、不同地域的服装，或展示多种不同类型的服装，具有历史性、专业性及文化传播性。服装表演提供了向社会群众传播服装文化的平台，对于促进服装和中国服饰文化发展有重要的意义。

（二）20 世纪初期服装表演的公益性体现

20 世纪初期，社会贫富差距较大，全国自然灾害频发，一些公益社团纷纷谋划举办义演来筹集善款，帮助解决一部分社会问题。服装表演既能让组织活动的名媛亲身参与演出，又能融入其他表演，吸引大量观众（图 1-30）。

前文介绍的 1926 年夏令配克时装表现会便是一次典型的公益性服装表演。这场服装表演是为儿童施诊所筹款所举办的帮助贫困儿童的活动，入场费 3 块银元。1934 年由鸿翔时装公司发起的明星名媛时装表演大会，目的是为吴兴福音医院筹募经费（图 1-31）。1946 年，因北平贫民衣食无着，北平妇女促进会于 12 月 14 日晚在北京饭店举行了一场声势浩大的冬季赈灾游艺会。当晚，北京饭店门前车水马龙，室内座无虚席。表演内容丰富，有舞剑、戏曲舞蹈和服装表演等节目，由 34 位名媛表演的"历代服装表演"大受欢迎，之后众人纷纷慷慨解囊，赈灾演出取得了巨大成功。

公益性服装表演是在特定环境下出现的一种服装表演，反映了当时社会动荡不安的局势。以多样化的服装、名媛的表演来吸引社会各界人士参与到筹款赈灾活动中，从而获得善款，解决贫民温饱问题或成立福利机构。公益性的服装表演对于推动社会进步、时代发展具有重要意义，也为思想进步的女性提供了展示自我的平台以及为社会作贡献的机会，是女性社会地位提高的良好体现。

图 1-30　1930 年上海国货时装表演大会中以美亚绸制成的部分国货时装作品　图 1-31　1934 年《良友》第 91 期刊登上海慈善筹款会中的服装表演

四、20 世纪初期中国服装表演的发展意义

（一）带动经济效益，促进商业合作

20 世纪初期，服装的营销方式逐渐走出传统的口碑模式，商家们开始意识到宣传的重要性。广告宣传及服装表演是服装行业的有效宣传方式。通过服装表演能让消费者更直观地感受到着装效果，从而决定是否购买。如云裳公司开业后，大量的广告宣传以及通过服装表演展示着装效果的新颖形式吸引了一些贵妇前来购买，这种营销方式有效地带动了经济效益。服装表演这种形式可以促使时装公司、百货公司、面料厂商等各商家通力合作，谋求共赢，以达到互惠互助的目的，服装表演为商家们提供了一种全新的合作方式，也可以让消费者了解到更多的商品讯息。

（二）衍生相关行业，丰富文化生活

20 世纪 30—40 年代，服装表演的出现及繁荣，也衍生和带动了一些相关行业，比如时装评论、时尚编辑、时装摄影、表演策划、舞台布景等行业。一般在大型的服装表演之前，会有专门的舞台设计制作、表演设计策划。虽然当时摄影技术并未普及，但在服装表演的现场会安排专人进行拍摄，随后结合文字与图片进行报道，刊登在综合性报刊的相关板块。为了宣传服装和产品，以及一些杂志封面需要，有时会拍摄室外非表演现场的时装照片，许多杂志封面和内页都刊登过时装及人物摄影作品（图 1-32），这些都为之后服装表演的发展以及时尚行业的形成奠定了基础。

比起现代的服装表演，20 世纪初期的服装表演更像是一场文娱晚会，为民众带来了娱乐。观赏服装表演，除了能了解最新的时装资讯，还能看到精彩多样的节目，提升了大众的审美趣味，开拓了眼界，传播了新思潮，服装表演的出现对于丰富民众的精神文化起到了积极作用。

（三）破除封建落后思想，提升女性社会地位

在封建社会传统观念中，女子深居简出，不能抛头露面，服装也是以"藏"为美。受西方文明影响，加上服饰的审美变迁，女性逐渐开始注重自身的形体，服装也越来越注重展现女性的体态。通过服装表演对审美观念的改变及传播，使得思想进步的女性敢于走上舞台展示美。在明星、名媛以及女学生的引领下，社会风气变得开放，女性不但敢于追求新潮，也可以走向社会，通过组织社会关系，举办服装表演，筹集善款，改善民生，为社会的发展贡献力量。这不仅提高了中国女性的社会地位，也体现了中国女性强大的社会活动性。

20 世纪 20—40 年代是早期中国服装表演业发展的辉煌期，折射出当时人们的着装情况、社会背景、思想动态，有商业促销、文化交流、社会公益等性质，展示的服装种类繁多，推动了整个时期服装业、时尚业的进步，对破除封建思想、维护妇女权益起到了一定的作用，也为服装表演业此后的发展奠定了基础，为当代中国服装表演业的发展进步提供了可资借鉴的经验。

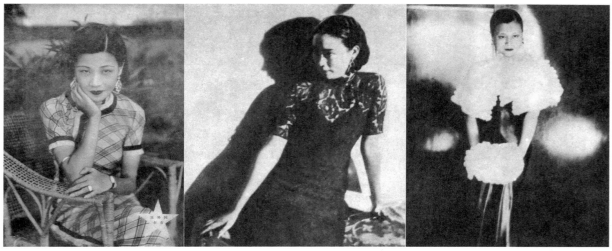

图 1-32　陈嘉震部分摄影作品

第三节 改革开放 40 年中国服装表演发展历程

改革开放使中国服装界迎来了新的生机。从 1979 年皮尔·卡丹将服装表演引入中国，到 2019 年，改革开放后的中国服装表演艺术走过了 40 年的历程，服装表演审美也在不断地变迁。由业余到专业，由国内到国际，中国服装表演的发展演变反映着服装业的发展和民众思想的变化，是时代变迁的缩影。如今的服装表演已成为时尚生活的重要内容，影响着服饰流行和消费，成为一种社会影响力日趋上涨的文化创意产业，对经济有着巨大的推动作用，是社会主义精神文明和物质文明的一个重要组成部分。

一、服装表演的认知、初创阶段

改革开放后，1979 年法国设计师皮尔·卡丹带来了 8 名法国模特和 4 名日本模特，在北京民族文化宫举行了时装展示会（图 1-33、图 1-34），这可以作为改革开放后我国服装表演的开始。受皮尔·卡丹的影响，上海时装公司在 1980 年 9 月组成了中华人民共和国第一支"服装表演队"。在国外，这个职业被称为"时装模特"，在中国改革开放初期则被称为"时装表演演员"。随着改革开放"对内搞活、对外开放"政策的贯彻实施，大众的思想也逐渐地开放。在 1983 年举行的全国五省市服装鞋帽展销会上，上海服装公司表演队的演出获得了极大成功（图 1-35 ～图 1-37）。1983 年 5 月 13 日，上海服装公司表演队应邀前往中南海演出，获得了党和国际领导人的认可和赞扬。

图 1-33 1979 年皮尔·卡丹的时装展示会（1）

图 1-34 1979 年皮尔·卡丹的时装展示会（2）

图 1-35 1983 年全国五省市服装鞋帽展销会上的上海服装公司表演队（1）

图 1-36 1983 年全国五省市服装鞋帽展销会上的上海服装公司表演队（2）

图 1-37 1983 年全国五省市服装鞋帽展销会上的上海服装公司表演队（3）

二、服装表演的探索成长阶段

服装观念的禁锢得以逐渐解除，引发了人们对美的渴望和追求。1983 年，布票在所有票证中首先被取消，中国的服装业从封闭的计划经济开始走向市场经济。 1984 年后，各地服装表演队兴起并面向社会招聘。1985 年，在皮尔·卡丹的邀请下，12 名中国模特第一次获准出国表演，第一次在世界面前展现了东方面孔的魅力（图 1-38）。正是这次法国巴黎之行，扭转了西方人对中国人衣着单调的刻板印象，许多欧洲媒体都大幅刊登了中国模特在法国手举五星红旗乘坐敞篷汽车的历史性照片（图 1-39）。中国模特一步一步地走进了国际舞台，开启了中国时尚业发展的篇章。1986 年，中国模特石凯参加第六届国际模特大赛获特别奖，这是中国模特首次出现在国际大赛中；1987 年，中国服装表演队赴巴黎参加第二届国际时装节，轰动时装界（图 1-40）；1988 年，中国模特彭莉参加意大利"今日新模特国际大奖赛"获得冠军，是中国的第一位国际名模。1989 年，首届新丝路中国模特大赛在广州举行（图 1-41）；1991 年，第二届世界超级时装模特大赛中国选拔赛在北京举行（图 1-42）。1991 年春节，由中国服装研究设计中心组织，张舰、汪桂花负责策划的服装表演又一次走进了中南海。

1992 年，我国第一家模特经纪公司——新丝路模特经纪公司成立，中国服装表演与国际接轨。中国模特也成为改革开放后最早出国亲眼见证世界发展的中国人，她们为海外观众带去了中国设计与制造的服装，并呈现了改革开放后中国女性日益时尚的新面貌。

三、服装表演的稳定发展阶段

由于服装文化产业的繁荣发展，对服装表演从业人员的需求在不断提高。1989 年，苏州丝绸工学院（现苏州大学）率先开设了中国第一个服装表演专业，服装表演向着更专业化迈进。20 世纪 90 年代初，很多高校都先后开设了服装表演专业，为中国培养了一批高素质的服装表演人才，成为现在服装表演从业者的中坚力量。迄今为止，全国已有近 70 所高校招收服装表演专业学生。

图 1-38 1985 年 12 名中国模特巴黎演出前合影

图 1-39 中国模特在法国手举五星红旗乘坐敞篷汽车

图 1-40 中国模特穿着陈珊华设计的礼服亮相巴黎

图 1-41 首届新丝路中国模特大赛前三名

图 1-42 第二届世界超级时装模特大赛中国选拔赛前三名

从 20 世纪 90 年代中后期到 21 世纪，随着国内模特市场的发展壮大，国内一些大城市陆续开始出现不同性质类别的模特经纪公司。

1997 年，中国国际时装周开始创办，分春夏、秋冬两季，每年 3 月和 10 月在北京举办服装表演，目前已经成为中外时装设计师和知名品牌发布流行趋势、展示创新设计、树立品牌形象的具有国际影响力的时尚舞台。

四、服装表演的繁荣多元

进入 21 世纪后，在经济、文化全球化的浪潮下，中国服装表演以及模特业加速向国际迈进，多项国际赛事在我国举行，很多中国模特活跃于国外时装发布会。中国的服装表演业基本实现了与国际的互动与对接，模特产业的需求和发展更趋向于国际化、职业化、多元化。

每年的中国国际时装周和各地时装周，承载着服装界美好的向往。各地的服装模特赛事，给服装模特提供了一个又一个高水准的平台，风格各异的服装表演表达出生活的态度，引导大众对服装表演时尚文化的认同。

中国服装表演对服装业及相关时尚行业发展起到了促进的作用，同时提高了人民对服饰文化及审美的认知，丰富了表演艺术形式，带动了国家现代化文化建设与经济水平的更好发展。结合我国具体国情，学习和吸取其他国家的经验，取长补短，并坚持中国特色，必将使我国服装表演业得到全面良好的发展。

| 第二章 |

服装表演秀场内外

第一节　服装表演的种类与特性

　　从服装表演的起源可以看出，表演的目的是从社会交往和商业促销开始的，但在经历了漫长的发展历程之后，服装表演的目的在发生着变化，逐渐演变出多种不同性质和目的的表演类型。根据不同目的，服装表演具体可归纳为以下几种类型：

一、服装表演的类型

（一）促销类服装表演

　　促销类服装表演是配合商业产品的促销活动而进行的服装表演，这类演出的目的就是宣传服装品牌，推出服装新款，打开销售市场，演出中的服装多为实用类服装。促销类服装表演包括服装订货会和零售展销会。服装订货会（图2-1）是指成衣制造商向社会进行新产品发布，宣传自己的产品，达到促销的目的，通常在换季前举行，会上进行现场表演，观众主要是服装零售商及消费者代表。服装订货会主要目的是让观众了解服装的款式、结构、面料、穿着效果等，使观众在轻松、愉悦的氛围中完成订货，不需要特别强调服装表演的艺术性。

　　零售展销会（图2-2）是指服装专卖店或商场为了吸引顾客、提高销售额、推出应季新款服装等而举办的服装表演活动。通过模特的展示，为消费者挑选服装提供直观的印象，以引导消费。零售展销会的档次规模各有不同，有些较高档次的促销演出一般选在商场的大厅或商场前广场搭建表演台，并使用灯光音响；还有一些促销性质的小型演出活动，场地选在商店内的过道、柜台前等处，不用搭建表演台，不需要灯光音乐，表演形式相对自由，模特和顾客的距离近，有利于顾客清晰地看到服装的款式、颜色、质地以及搭配效果，从而唤起观众强烈的购买欲望。

图2-1　促销类服装表演——服装订货会

图2-2　促销类服装表演——零售展销会

（二）发布会类型服装表演

发布会类型服装表演（图2-3）是指与服装相关的一些协会或企业、设计师等举办的发布会，如流行趋势发布会、时尚品牌发布会和设计师作品发布会等。这类表演可通过服装表演向人们传递时尚信息，如下一季的流行风格、时尚品牌或设计师个人的作品等。发布会类型服装表演在形式上讲究艺术性，比如，服装流行趋势发布会这类演出含超前思维及预测性，具有流行导向意义。巴黎、纽约、米兰、伦敦四大国际时装周每年举行两次。我国目前最具影响力的是中国国际时装周，每年春夏、秋冬两季在北京举办，现已成为国内顶级的时装及成衣品牌、设计师作品等新设计、新技术的专业发布平台，以及中外知名品牌和设计师推广形象、展示创意、传播流行的国际化服务平台。

（三）赛事类服装表演

这是以比赛为目的而举办的服装表演，包括服装设计大赛和服装模特大赛两类。服装设计大赛（图2-4）以促进服装行业的发展、发现服装设计人才、开发服装新款为宗旨。在服装模特穿着设计师参赛服装演出的同时，设计师们也对作品进行二次创作，并提升自己的设计水平，以期获得业内的认可。服装设计大赛表演选择环境优雅、有艺术氛围的场地，一般在会展中心、宾馆的多功能厅、电视台演播厅等进行；表演台通常选择标准的T形伸展台；演出过程中一般配有幕后解说，主要对参赛者以及服装的设计理念进行简要介绍。

服装模特大赛（图2-5、图2-6）目的是选拔优秀模特人才、开发模特资源，通过大赛的形式向国内外时尚机构、模特经纪公司、影视公司、时尚传媒、广告公司等推荐模特和演艺新人，可分为世界、国家、地区等不同级别的赛事。比赛一般分为海选或初赛、复赛、决赛几个阶段。根据比赛层次不同，比赛的内容也有差别，大致包括形体观察、才艺表演、服装表演（泳装、便装、运动装、礼服、旗袍等）、平面摄影表演、服饰文化知识、口试等几项内容。

图2-3 发布会类型服装表演

图2-4 赛事类服装表演——服装设计大赛

图2-5 赛事类服装表演——服装模特大赛泳装环节

（四）学术类型服装表演

各国、各地、各高校之间，可以通过服装表演促进服装文化交流，提高服装设计水平。服装表演的互动交流极大地繁荣了我国的服饰文化，促进了服装工业的发展和商品的流通，同时也促进了服装表演业的蓬勃发展。学术类型服装表演没有商业诉求，重点在于强调作品的艺术效果，服装表演的舞台设计、灯光、音乐、背景及模特妆容可以别出心裁、大胆超前，创造艺术氛围，给人一种艺术享受。

（五）专场表演

专场表演有设计师专场和毕业生专场。设计师专场是为一名或多名设计师的作品举行的专场演出，主要目的是展示设计师的才华，达到推名气、树品牌的目的。毕业生专场是设有服装设计专业、服装表演专业的院校在每年学生毕业前举行的毕业作品展示或汇报演出，主要目的是向社会展示学生才华，同时让社会了解学校的教学成果以及向企业推荐优秀毕业生。

（六）娱乐类型服装表演

服装表演艺术已经被广大人民群众所接受，并且备受喜爱，在大型文艺晚会中也经常会安排时装表演节目或将其与其他节目穿插在一起。一些单位、学校在搞文艺活动时，也常把时装表演作为其中一项节目。服装表演逐渐成为人们时尚娱乐生活中不可或缺的内容。娱乐类型服装表演对演出娱乐性的强调大于对服装本身的强调，注重艺术化的构思和编排，追求良好的舞台效果。

二、服装表演的特性

服装表演涵盖了多种元素，并独具特性，其特性主要包括：

（一）商业功利性

从服装表演的发展历程来看，不管哪个时期，以商品促销为主的演出宗旨始终贯穿其中。服装表演是为推动产品经营而采取的商业性活动，因而带有明显的商业功利性，这也是服装表演区别于舞蹈、话剧、美术等艺术形式的突出特征。服装表演大多在艺术传播的同时打造商业品牌、加速产品流通、传递经济信息、促进生产消费，是生产商与中间商以及消费者之间的一种媒介。

（二）审美性

在演绎产品或塑造形象的过程中，模特以表现服装为主，以展示服装为目的。观众在享受服装带来的视觉美感时，会关注模特本身，比如容貌、形体、姿态等美感。除了服装美、表演美、模特美之外，服装表演的审美性还包括音乐美、灯光美、舞台美、背景美等；服装模特展示的除了设计师的设计理念，还有时尚的生活方式和时代的审美趋势。

图2-6　赛事类服装表演——模特大赛晚装环节

（三）时效性

由于四季的变化，服装产品的生命周期非常短暂，流行的服装产品需要在应季之前完成品牌发布会等宣传推广活动。为了满足服装市场销售季节上的需求，服装表演不可能像电影、戏剧等表演形式那样具有充分的酝酿和创作时间，而是必须根据服装销售季节以及产品生命周期的节点要求来完成创作和执行的过程，表演的成功与否也间接预示着该产品在当季能否有良好销售业绩。这要求服装表演的从业者必须具备与时俱进的时尚观念、开放的心态和不断接受新鲜事物的思想，能对新的趋势作出判断并予以跟进。

（四）广泛性与大众性

中国服装表演属于交叉艺术，活跃在一个大的文化艺术范畴中，涉及的学科广泛，与其他艺术有着紧密的联系，并且从服装表演外在形态能解读到政治与经济、传统与时代、精神与物质、地域与民族等多种文化特征，体现出社会的多元文化理念。随着服装表演艺术的普及和大众服装表演活动的展开，服装表演已经成为出现率较高的群众性文化娱乐形式。中国服装表演走向社会，表演者由专业模特扩展到大众，包括目前中老年服装表演以及少儿服装表演的盛行，都反映了大众对服装美、生活美的渴望与追求。

（五）创新性

任何一种艺术都需要创意，服装表演也不例外，在表演编排以及演出实施的过程中，需要在流程、编排、配乐等诸多方面创新求异、吸引观众、扩大宣传，以新思维、新角度、新观点组织及策划服装表演，达到一种全新的、富有创意的新成果，比如表演场地氛围设计、表演台的形状、表演风格、高科技的运用、音乐与灯光效果等方面的与众不同。这是一种创造性的工作，这种创造是在尊重服装设计原本创意的基础上进行的，是编导对设计作品进行的诠释和再设计。

第二节 模特形体测量与评价

模特的形体是决定表演优美与否的重要参考标准，专业模特与业余模特也存在着差别。本节将以青年专业模特为例，根据以测量的部位来综合分析。

一、适宜的身高与体重

身高是模特基本条件中的首要条件，尤其是对走台模特来说，往往先看其身高，在此基础上，再看其他条件。东方女模特的身高一般在 175 ～ 183cm，体重控制在 48 ～ 60kg；以 50 ～ 55 kg 为宜，身材修长、匀称，线条流畅。男模特的身高一般在 184 ～ 193cm，体重应控制在 60 ～ 75kg；以 65 ～ 70kg 为宜，身材健美但不过分健壮，强调肌肉线条及力量感。

由于东、西方地理差异和自然环境的不同，在人的肤色、骨骼及外形上均存在着一定的差异。西方人与东方人相比，普遍显得高大且丰满一些，所以西方模特整体身高比东方模特略高。模特要求身材高挑以及双腿修长，身高腿长的模特在走台时能让观众感受到服装的动态美感，也更容易吸引观众的注意力，达到良好的展示效果。平面模特的身高要求比走台模特低一些，女模特可放宽到 165cm，男模特可放宽到 180cm。

测量身高时，模特应目视前方，低头或仰头都会使数据出现误差，两脚平稳踩地，脚后跟并拢，膝盖伸直，两臂自然下垂，保持腰背自然挺立的状态，不能塌腰。测量体重时，模特穿泳装及光脚，这样的测量误差非常小，可以忽略不计。

二、肩宽指数标准

肩宽是人体的第一道横线，也是模特称为"衣服架子"的关键部位。肩型的好坏直接影响到服装造型的悬垂效果。模特的肩型以平而宽且左右对称为好，女模特的肩宽应在 40 ～ 44cm，男模特的肩宽应在 50 ～ 54cm。

在测量肩宽时，模特保持自然直立，肩膀放松，手臂自然下垂，保持两肩平衡，不能耸肩、扣肩或过于开肩，否则测量数据会有误差。测量者站在模特后方，在模特左右肩胛骨最高点之间测量，皮尺保持水平，不能歪斜和呈圆弧线，这样才能确保测量的准确性。

三、三围数据

从现代审美观点来看，女性的形体应挺拔、丰满，并且拥有健美而富有弹性的肌肉，充满青春活力的精神面貌和气质。女性美离不开女性曲线的基本特征，适宜的胸围、腰围、臀部是决定女性曲线美的重要部分。

（一）胸围

测量胸围时，模特保持自然直立，呼吸顺畅，手臂自然下垂。测量者站在模特前方，皮尺保持水平，在模特胸部最高点的上缘绕一圈测量。女模特胸围一般在 80 ～ 88cm，男模特的胸围在 96 ～ 105cm。对于模特来说，胸围只是参考数据，并不是越大越好，腰围和臀围相对更重要。

（二）腰围

测量腰围时，模特保持自然直立，放松气息，两手自然下垂。测量者站在模特前方，在模特腰部最细处绕一圈测量，皮尺在同一水平线上贴近皮肤，不要过紧或过松。女模特的腰围在 57 ～ 63cm，最好不超过 65cm，男模特的腰围在 68 ～ 75cm，最好不超过 77cm。

（三）臀围

测量臀围时，模特两腿并拢、臀部自然放松。测量者站在模特侧面，在模特臀部最高点及盆骨最宽处绕一圈测量，皮尺在同一水平线上贴近皮肤，不要过紧或过松。女模特的臀围最好不超过 90cm，男模特的臀围最好不超过 94cm。

四、身材比例

比例是决定人体美的直接因素，模特是人体美的具体体现者。因此，服装表演对模特的身材比例要求较高。比例分为两种，一种是上身与下身的比例，还有一种是头部与身高的比例。其中，需要重点考虑的是上身与下身比例。

（一）上身与下身比例

测量上下身数据时，模特保持自然直立，双腿并拢，不能塌腰或翘臀。测量者站在模特后方，以模特臀底的臀纹线为分界点进行测量，从最凸出的颈椎骨（一般是颈椎第二节的凸出位置）到臀纹线为上身长，从臀纹线至脚后跟为下身长，然后用下身测量数据减去上身测量数据，得出上下身比例。男女模特上、下身长的差值均应在 10cm 以上，13cm 以上为佳，有些腿长的模特可以达到 18cm 以上。

（二）头部与身高比例

目前，国际时装舞台上流行偏小的头型，因为头小会显得身体更加修长。但头型也不能过小，过小会使人的比例失调。一般目测头长占身长的 1/7 ～ 1/8 为宜，达到 1/8 为佳。测量头围时，在眉骨上方水平围量一周，女模特头围一般在 54 ～ 56cm，有少数 53cm 的属于偏小的头围，超过 56cm 属于偏大的头围，男模特头围比女模特要大，超过 59cm 属于偏大的头围。头围只是参考数值，还需要根据头型与脸形综合对比考虑。

五、综合条件

除了测量数据符合标准之外，模特的形体要符合均衡美与对称美的原则，身体左右两侧要对称，并且符合一定的比例，合乎大众审美标准。控制人体平衡的主要部位是脊柱，脊柱的偏斜会破坏人体的左右对称。另外，头部、五官、肩部、两臂、胯部、两腿都要对称，并且要求模特的面部结构明确，轮廓清晰，个性突出，面部基本符合"三庭五眼"的比例，脸形不宜过宽；皮肤健康，无明显的胎记或疤痕，四肢修长，腿部无明显的 X 形或 O 形。

模特形体美除了自身的先天因素以外，还需要平时全面的营养与科学的锻炼。同时，模特应不断扩充知识储备与专业技能，提高自身的内在修养；内外兼修才能构成整体的和谐美。

第三节　秀场编导与团队构成

提及服装表演时，大众首先想到的是台上靓丽的模特，很容易忽视服装表演的幕后编导。事实上，秀场编导正是服装表演的领导核心。

一、什么是秀场编导

服装表演涉及许多领域，包括服装设计、表演、化妆造型、舞台美术、灯光、音乐等；打造一场服装表演需要多个部门相关人员的工作和配合，需要一个明确的"领导核心"从中沟通和协调，让各个部门都服务于表演的整体策划，统一于表演的主题，这个领导核心就是秀场编导。一场服装表演由构思到完成的整个创作过程中，秀场编导是协调相关工作人员关系的负责人，是服装表演的策划者兼导演。由于服装表演的特殊性，在整台表演的创作中，"编"和"导"融为一体；秀场编导是服装表演创作的灵魂、主导者和组织者，是服装表演的核心，对服装表演有非常重要的影响。

二、秀场编导的职责和素养

秀场编导要在理解服装的设计理念后，确定演出主题；根据演出主题和主办方的要求进行整体构思，制定编导方案；确认编导方案后，选择模特、分配服装、确定音乐、组织彩排；创造出一场具有审美价值以及良好的社会传播效应的服装表演。

（一）秀场编导的工作职责

秀场编导的工作职责大体包括：确定服装表演主题、制定演出方案、挑选模特并分配服装、指导舞台美术设计、选编音乐、进行表演设计编排、组织排练、指导宣传计划、协调各方面之间的关系等。

（二）秀场编导要具备的职业素养

秀场编导是优秀的复合型人才，要有领导力、决策力、执行力，还要有较高的审美，熟悉服装表演的规律，通晓其他艺术形式，如形象设计、音乐、舞美等。秀场编导需要通过长期的经验积累和不断地学习，使自身具备以下优秀素质：

1、敏锐的洞察力和良好的悟性

对服装、对模特及团队人员有敏锐的洞察力，能迅速捕捉服装的风格、特色及其传递的内涵，能准确把握模特的气质特点及优缺点，实现服装与模特两者的完美结合；能较好领悟设计师的理念或主办方的意图，形成良好的互动沟通。

2、掌握专业的服装表演核心技巧

秀场编导与模特息息相关，需要拥有专业的服装表演知识、专业的技能，才可领导模特及工作人员，如果没有一定的专业素养，在工作过程中将会对演出团队失去权威控制力。

3、通晓其他艺术形式

服装表演是一门复合型艺术表演形式，无法脱离众多的艺术形式而独立存在。要使它们融为一体，秀场编导必须通晓这些相关的艺术，用得恰到好处，为演出增光添彩。

4、积累素材、不断提高

平时要多观察生活，注意收集整理生活中的艺术素材，发现生活中的闪光点，为自身的艺术创意积累信息，使服装表演艺术更贴近社会、贴近生活、贴近观众。

5、创意思维能力

秀场编导要推陈出新，创意的灵感来自观察和学习。生活中的点点滴滴，如一个片头、一段音乐、一个情节，都是灵感的火花，还可以吸收其他艺术形式的创意，如戏曲、话剧、舞剧等，创意是一个编导的艺术生命力所在。

三、秀场团队的构成

（一）模特

模特是服装表演的主要构成，任务是通过自己的表演展示服装，而所有的外围工作都是为了模特在舞台上更好地展示服装而服务的。因此模特的选择要慎重，做到精益求精。

（二）策划团队

策划团队协助编导为整场活动策划主题方案，出具全面的实施计划，撰写活动设计文案、脚本文稿及串词、策划宣传方案、环境设计方案，设计 LOGO、广告及媒体发布计划或媒体播出计划等。

（三）广告、宣传团队

广告、宣传团队负责为活动拉广告赞助，联系各媒体进行活动的宣传报道，负责制作活动网站及网络宣传，联系活动的播出事宜等。

（四）舞美团队

舞美团队是负责舞台布景整体效果、道具搭建的团队，包括舞台搭建、舞台背景制作、舞台道具制作、现场 LED 大屏幕视频制作、灯光及音响工程摆放搭建等。所有的舞台艺术构想最终都要依靠该团队来实现。

（五）灯光团队

灯光团队是熟悉舞台灯光技术的专业团队，负责搭建舞台灯光，在演出过程中控制灯光达到预期舞台效果。

（六）音乐制作团队

音乐制作团队是熟悉音乐创作与制作的专业人员，负责制作表演背景音乐，在演出过程中控制音乐播放，配合模特表演。

（七）造型团队

造型团队是负责人物造型的专业团队，根据服装风格和客户要求来创意模特造型，使发型和妆容符合表演主题或更好地烘托服装内涵。

（八）礼仪团队

礼仪团队是从事礼仪接待的团队，负责迎宾、现场礼仪接待、现场嘉宾引导等事宜。

（九）穿衣工

穿衣工负责整理、清点、管理演出服装，帮助模特换装，能根据需要现场改动或修补服饰。

根据不同的演出规模，可以选择不同人员构成的秀场团队，人员数量也可以根据不同的因素决定。大多数演出可能不需要那么多人员，对于小型的演出，工作人员可以身兼数职。总之，秀场团队的人员构成和数量取决于活动的具体要求。

四、确定模特的数量

一场服装表演所需的模特数量要根据具体情况而定。首先是服装的数量，要看模特是否需要换装反复出场，不换装的话，有多少服装就需要多少模特，换装的话，模特人数可以是服装数量的一半或者三分之一，根据服装穿脱的难易程度决定换装的时间，更衣室离舞台进出口的距离也决定了模特再次出场的时间。其次还要看舞台的大小来确定模特的数量，但舞台大小不是决定性因素，如果以传统舞台作为表演场地，舞台规模越大，所需模特人数越多；如果是T台的话，较短的延伸台就会缩短模特换装时间，因而需要更多的模特。此外，还要考虑到预算、表演时长、开场及谢幕规模等因素。所以要根据不同的秀场具体分析，一般小型的服装表演所需模特人数至少在 8 ～ 10 人，常见的秀场选择 15 ～ 20 人居多，大型服装表演至少要 20 人，或者更多。

五、选定模特

在确定模特来源后，秀场编导要先完成前期工作，再安排模特的面试。首先，编导要仔细查看服装表演的服装和饰品，把握服装的风格和特点，理解设计师的设计意图，形成构想。其次，编导应该拿到所有备选模特的职业资料，在面试之前形成初步印象。最后，组织模特面试。

面试模特时，应从以下几个方面考虑：首先是形体条件，女生身高可在 173 ～ 185cm，男生身高在 185 ～ 195cm，女生体重最好低于 60kg，男生低于 70kg；还要根据身材比例、肤色肤质、五官相貌等挑选出天赋好的模特。然后考察模特的表演技能，从走台基本功、节奏感、造型、转体、表现力等几个方面考察。另外，建议增加对模特乃至工作人员人品性格的考察，因为一个团队成员如果难以掌控，太有个性，不遵守规定，往往会带来麻烦，可以通过侧面了解或者正面简单的提问对话进行考察，虽然不足以完全了解一个人的人品性格，但至少可以作为参考。

选择模特通常都是以直接面试的形式挑选。不赞成利用资料挑选模特，因为照片数据不能完全反应模特的真实情况，往往会出现人、像不相符的情况。如果是特殊情况下需要根据资料图像或视频进行海选或者初试，那么编导需要和设计师或模特领队共同商议，最终确定模特名单。

第四节　服装表演场地与舞台

服装表演的形式灵活多样，因表演目的、性质不同，对表演场地和环境的选择也不同。服装表演场地的选择范围很大，不同的场地可以设计不同的舞台效果，场地的选择也是服装表演成功的关键。

一、场地

常见的服装表演场地是室内 T 台或舞台，这是发布会类型服装表演的专用舞台，一般为 T 形（图2-7）、I 形或类似的长线形状，观众三面围坐，这样的台型仅适合服装表演。很多服装表演是作为一个节目参与到其他综合演出中，这种情况下往往不会专门为服装表演设定舞台，而是与其他节目共用长方形的剧场舞台（图 2-8）。

除了专用舞台之外，还有很多场地可以搭建舞台，或者就根据场地条件设计走台路线和观众席位；高档酒店多功能厅是承办服装表演活动的常见场所，是小型发布会或订货会的常用场地；体育场馆可以作为大型商业或庆典活动的演出场地；电视台演播厅能够举办竞赛型服装表演；还有很多秀场地点选在室外自然场地（图 2-9 ～图 2-12），如地标建筑、山林、河畔、名胜古迹等都可以作为演出场地。

图 2-7　常规 T 台

图 2-8　剧场内的常规舞台

图 2-9　室外自然场地
　　　　——沙漠

图 2-10　室外自然场地
　　　　——海边沙滩

图 2-11　室外自然场地
　　　　——长城

图 2-12　室外自然场地
　　　　——隆福寺

每个场地在选择前要考虑其是否适合服装表演，具体需要考虑场地的费用及空间大小、能容纳多少观众、舞台是否需要搭建、灯光、音箱如何解决、效果如何、观众席与舞台之间的距离、观众是否能看得到服装细节、化妆间和更衣室在哪里、离舞台远近以及是否方便、场地交通是否便利等等很多繁琐问题；另外还需考虑服装、桌椅、龙门架的搬运问题以及餐饮等细节问题。不同的服装表演场地有各自的优势和劣势，要抓住表演目的，以此为依据来选择场地，合适的就是最好的。另外，如场地事先已确定，那么在整体设计规划时要充分考虑到场地特性，发挥场地优势，尽量克服劣势，从而取得预期的演出效果。

二、服装表演舞台设计

舞台设计可以说是一场服装表演的点睛之笔，它可以营造表演的气氛，表达服装的灵感和设计理念，也可以让媒体从舞台设计方面找到新闻话题进行宣传报道，从而提升品牌知名度，增加服装产品的销量。服装表演舞台设计包括舞台台型、高度、背景设计和道具设置等方面。

（一）舞台空间大小

表演场地的空间限制舞台大小。确定舞台大小时，要综合考虑舞台、观众席、工作区、更衣区的合理设置，特别是观众席的规模和布局。表演时长对舞台大小有影响，表演时间长，舞台应大一些，因为模特需要行走较长距离，耗时长；反之，舞台就应小一些。模特数量也对舞台大小有影响，模特多，舞台应相应扩大，无论在模特流动中或集体亮相时，都能保证充分的表演空间。还有一些道具复杂、雍容华贵型的服装需要占据较大的舞台空间，也要考虑多个同样着装的模特是否会同时出现在舞台上。

舞台的大小要适中，要考虑到观众的观看角度，照顾到各个位置的观众感受，要注意现场的各种梁柱、幕布，以及建筑、障碍物，避免挡住观众的视线。当然，还要考虑舞台的设计制作费用是否在预算之内。

（二）舞台长宽高

国内的发布会通常在较小空间里举行，舞台高度一般在 20 ~ 25cm；在剧院举行服装发布会时，伸展台往往增高到 90 ~ 120cm；普通伸展台高度在 45 ~ 80cm。伸展台通常采用 120cm×120cm的拼块构成，所以其尺寸一般是拼块尺寸的倍数，常规商业性服装表演伸展台长度是 10 ~ 12m，大型时装发布会的伸展台长度在 15m 以上；伸展台的宽度至少要满足并排出现 3 ~ 4 个模特的宽度。当然这些数值仅供参考，每场秀会有不同的情况。

近几年，国外时装周秀场很多舞台都是 0 高度的（图2-13），不规则的，观众平视或俯视舞台；还有较大或者超大超长的表演台，所以编导要根据不同的情况来具体设计编排。近几年国际时装周舞

图2-13 0高度走秀场地

台按高度大致可分为四种：0高度台、3～10 cm低台、30 cm以上高台和以楼梯为舞台的高度。0高度舞台占比90%以上，打破了大众心目中普遍认为的服装表演有一定高度的印象，成为时下流行的服装表演舞台趋势之一。

（三）表演台形状

表演台形状一般是在场地确定以后，根据所选场地的规模、层高、室内陈设等情况，以及服装品牌的风格和这一季服装的灵感来源进行设计。

T形台是最经典也是最常用的服装表演舞台，伸展台距离观众比较近，能很好地展示出服装的面料、质地、细节、工艺等微信息或者模特的妆容等细节。在走台设计时可以变化走台路线，丰富模特造型，以免效果单调。传统舞台没有延伸台，如果服装表演作为一个节目和其他歌舞节目一样在舞台展示，那么在编排时尽量场面大一些，模特人数不能太少，不能像T台那样模特单独出场，走台路线要有流动感，衔接紧凑、变化丰富，整体造型可实现多种创意。因为观众距离较远，无法看清模特或展示的服装细节，只能呈现一个整体的视觉大效果，所以要尽量选择造型夸张或有创意的服装进行表演。还可以根据场地空间设计创意表演台，比如竖条形、U形、长方形、L形、正方形、圆形和环形、三角形、S形、不规则形等众多创意形状（图2-14～图2-17），这是现在秀场编导较为关注的创意点。

服装表演除了展示服装外，也是在舞台、布景、音乐烘托下的一场全方位的"舞台演出"。即便是在同一个舞台上进行服装表演，每个秀场场景都应是独一无二的。如果没有时间和预算去搭建创意型表演台，但又想与众不同，那么可以运用舞台道具作为背景，同样精彩引人入胜，让观众身临其境地感受品牌的设计理念和秀场的创意。

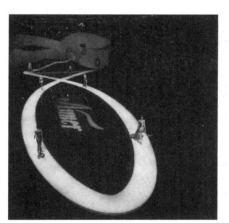

图2-14 创意表演台——椭圆形

图2-15 创意表演台——环形

图2-16 创意表演台——U形

图2-17 创意表演台——手表形

（四）舞台背景道具

舞台背景道具是舞台视觉效果的一个重要的设计部分，道具可以分为背景道具和表演道具，通常和主题及舞台背景一起统筹考虑。目的是营造主题气氛，烘托秀场氛围，帮助模特投入情境，使演出更加真实（图2-18），让观众身临其境。背板设定有彩色背板、黑色背板、白色背板、灰色背板、玻璃透明背板和创意背板等。

有些秀场在室外举办，利用建筑物原本的室内外陈设作为服装表演的天然装饰背景，让服装表演融入建筑中。有的服装品牌把秀场设置在仓库、创意厂房等一些空旷场地（图2-19），不设置舞台和背景板，依据场地的原始状态，突出所发布的服装本身。时装秀舞台的背景设计是依附舞台台型而存在的，不再只是千篇一律的T台，舞台形状多样，时装秀背景设计也更加丰富。

背景道具是悬挂或放置于舞台空间的实物，起到营造氛围、表达场景、渲染意境的作用。道具的用是服装表演创意的点睛之笔，具有创意的秀场道具会让观众留下深刻印象，通过道具的摆放可以增加服装表演的辨识度。秀场道具分为实景道具和抽象道具；实景道具是在舞台上模仿现实的环境场景放置仿真或真实的道具，是一种具象的舞台道具设计思路，它可以将表演限定在一个具体的情境中，观众直接指明方向，可以明确地表达创意理念（图2-20～图2-23）；抽象道具是在舞台上营造一种联想的氛围，创造一种空间的意念，让观众在联想的意识中贯穿整个服装表演（图2-24～图2-30）。常见的秀场道具有植被（树、落叶等）、几何形状道具、字母道具、音响、拱门、仿真火箭、雕塑、彩旗、现场乐队、西式餐桌、金字塔、帐篷、沙发、跑车和钢琴等，编导策划要想在道具上使人眼前一亮，还需要费心思去考虑一下。

图2-18 宫殿式背景

图2-19 厂房改造秀场

图2-20 实景道具——火车

图2-21 实景道具——雪景

图2-22 实景道具——超市

图2-23 实景道具——花园

图 2-24 抽象道具——海底珊瑚

图 2-25 抽象道具——火箭

图 2-26 抽象道具——图形人马

图 2-27 抽象道具——椅子

图 2-28 抽象道具——树桩

图 2-29 抽象道具——针线与钥匙

图 2-30 抽象道具——狮

第五节 服装表演主题与时长

主题是服装表演的灵魂，主题的确定意味着音乐、表演、风格的大致定位，同时也给设计师及秀场编导确定了方向。主题包括总的主题和分场主题或系列主题，是服装表演的中心内容，主题确定以后，围绕主题便进入了编排设计的构思及实施阶段。

一、主题策划的规律

在确定主题之前，秀场编导要和服装设计师进行充分的沟通，必须完全领悟设计师在设计这一系列服装时想要表达的理念、传递的构想，站在设计师的角度考虑主题。编导要仔细查看每个服装系列，用专业知识和眼光去审视，抓住服装风格和特色，有的服装本身就体现了风格，能让人联想到场景和情节，主题就会浮现出来，甚至表现方式也会同时涌现。艺术的积累是一个长期坚持不懈的过程，主题创意是需要艺术创新的，秀场编导要用自己丰富的艺术经验和生活积累，将已有的素材组合成新的形式，经过文学语言的修饰后使其具有诗意及浪漫主义色彩，成功建立这样的联系是编导的高明之处。

二、主题策划的原则

首先主题要与服装风格相一致，要能被观众所理解，不仅应考虑观众的喜好，还应考虑观众的审美习惯、人员构成、民族构成、年龄层次、文化层次等，如少数民族或外国观众较多时，则要考虑他们的民族习惯、宗教信仰等禁忌。主题还可以考虑环境因素，如演出场地、季节或节日、时事政治等。

三、演出时长

服装表演不像其他的舞台艺术有情节作为支撑，服装表演重在形式。表演的流程设计对于观众的观看体验来说十分重要，如何处理好模特和服装的出场顺序，如何设计合理的低潮与高潮，如何唤起观众的观看欲望……这些都是对秀场编导的考验。

（一）流程组成部分

1. 开场设计

从观众的观看角度来设想，服装表演的开场一定要达到瞬间抓住观众眼球的效果，震撼到观众的心灵。服装表演的时长有限，不能层层铺垫，娓娓道来，所以服装表演开场就是高潮。集中观众的注意力，可以通过很多途径来实现，比如增加开场的模特人数，丰富音乐和灯光的效果，强有力的节奏等，可以制造出视听感官上的联想。

2. 中间部分设计

一场服装表演不可能全部是高潮，所以中间部分的低潮往往更考验秀场编导的能力。为了不使观众产生疲倦，秀场编导可以在模特的造型、行走路线、队形组合变化上多考虑。

3. 结尾设计

多数服装表演结尾是再一次的高潮。一般是将最重量级的一组时装系列作为结尾来制造高潮，然后是谢幕。还可以利用大牌模特的人气和表演气场等来制造高潮；但也有设置安静祥和的尾声来让观众的心灵得以平复，达到情绪升华的效果。如果是设计师发布会的演出，通常设计师在尾声谢幕。

（二）流程设计应遵循的原则

1. 设计出高潮与低潮

通常的流程设计建议使用"ABA+"的原则，"A"代表高潮，"B"代表平缓，"A+"则代表最高潮。这一结论基于心理学研究和实践经验得出，几乎适用于所有的演出。在表演的时间里让观众保持持续兴奋是不可能的，所谓"高潮迭起"是指要想获得一浪高过一浪的高潮就必须制造低潮，让观众的情绪得到平复，来迎接更震撼的变化。

2. 巧妙设置情节

可以设计一些情节来表达服装的内涵，或按服装的功能设置一些情节，比如为职业装设置商务情境；为晚装设置宴会场景；为休闲运动装设置运动场景等。

（三）演出时长

一场服装表演的时长最好控制在 30 分钟之内。服装表演在时长上有其特殊性，因为舞台设置相对固定，同组服装的风格相对一致，模特反复出场，容易使人产生视觉听觉疲劳。因此，大型演出或大型的赛事活动时长 40 分钟应为极限，一般的发布会在 15 ~ 30 分钟；如果是一个走秀节目而不是整场演出，那么正常节奏的时长在 4 ~ 5 分钟为好，如果节奏较慢，也不宜超过 6 分钟，时间太长将会事倍功半，甚至引起观众反感。

秀场编导在时长的决定上最容易受到不同声音的干预，许多企业或机构认为时间应该越长越好，这时秀场编导应该一方面解释清楚原因，另一方面坚持原则。将所有的表演时长安排在相应范围之内，是演出成功的保证。

第六节　试装与排练

确定模特之后就要进入分配服装和试装环节，为服装选择出适合的穿着人选，有时候在模特面试阶段秀场编导就已经在脑海中有了初步的构想。

一、排练前模特试装

（一）模特身材尺寸与服装尺寸匹配

需要安排不同的模特以适应不同服装尺寸的需求，每款服装对模特的身材比例、丰满程度等均会有不同的需求，选择符合要求的模特来穿着相应服装，是服装完美展示的前提。

（二）模特的身体条件与服装匹配

不同的服装会突出展示模特的不同身体部位，要让模特的优势条件为服装展示服务，避免出现服装暴露模特身体缺陷的情况，如不要给腿形不好的模特分配短裙，不要给腰部有赘肉的模特分配露脐装，不要给身材比例不完美的模特分配泳装等。

（三）模特气质与服装气质匹配

每个人都有不同于他人的特殊气质，为模特分配服装时要考虑到模特气质的差异，做到服装气质与模特气质相匹配，才能更好地传递出服装的内涵。一个气质甜美的模特如果分配到田园风格的服装，那将使服装的美感进一步扩大，如果分配她一件气质冷峻的服装，将会使服装的表现力大打折扣。给成熟端庄的模特分配礼服，给青春靓丽的模特分配休闲活力装或运动装等，进行正确的气质搭配。

当然，作为模特，应训练扎实的基本功，能够驾驭多种风格，能够根据服装的风格进行自我调整，达到良好的展示效果。

（四）为模特和分配好的服饰编号

按照出场顺序为模特和分配好的服饰分别编号是避免出错的好办法。从 1 号开始，按照出场顺序编号，给每个模特发一个号牌贴在身上，可以易于秀场编导识别；服饰的编号则可以体现对应的模特和衣服的出场顺序，如 1-4 表示这是 1 号模特穿着的第 4 套服饰。服装和配饰要放在一起悬挂在衣架上，以免出错；已经演出过的服饰和未演出的服饰应该分开悬挂。

模特的试装过程中需要不断调整，反复确认。模特需要穿好分配的服装进行展示，必要时配以演出妆容，秀场编导要仔细观察每一位模特的表演过程，提出修改的建议，做到模特和服装的完美融合。

二、选择音乐

在服装表演中，音乐作为舞台艺术的基本要素，在选择和编排上都有着特殊的要求。服装表演是一个整体，为了更好地体现连续性，精心挑选和制作的音乐是必不可少的。很多时候，秀场编导在看到服装后就有了音乐风格的方向。

选择音乐要从服装风格、走台节奏、表演设计三个方面来考虑。服装表演音乐要有明确的风格倾向、明显的节拍；有条件的话可以为每场表演专门录制合成一套音乐，或是先列出所有可能适合表演的音乐，再根据服装场次进行排列取舍，并且把握音乐节奏的快慢变化，使音乐衔接起来。

（一）中速音乐

在服装表演中，中速音乐是指每分钟 80 ～ 110 拍的音乐，其速度适中，易于稳定步伐，适合于所有模特，适合表现大多数服装。

（二）快速音乐

服装表演中的快速音乐是指每分钟 110 ～ 130 拍的音乐，是能够在正常行走时跟得上节拍的速度。快速是相对中速而言，并没有韵律操或热舞节奏那么快，但在服装表演中是最快的速度，这种音乐会给人以活泼明快的感觉。

（三）慢速音乐

在服装表演中，慢速音乐是指每分钟 60 ～ 80 拍的音乐，在这种音乐背景下必须放慢脚步，会使人心平气和，情绪稳定，多体现出气势宏大，或者抒情委婉等意境。

三、排练安排

和任何现场表演的舞台艺术形式一样，服装表演也需要事先排练，排练是一个艰苦繁杂的过程，且是演出成功的保障。秀场编导要重视演出前的每一个排练环节，确保模特在舞台上最终呈现良好的状态。

（一）排练的时间表

秀场编导在排练之前要明确排练时间表，如果涉及多方面来源的模特队伍，排练时间表要统筹协商，一旦确定，应共同遵守。最后一次排练时间应该安排在演出的当天，如果是晚上演出，排练就定在下午；如果是下午演出，排练就定在上午。在演出的前一天也应该安排排练，而且具体的时间应该和第二天的演出时间一致。一般来说，演出前一天的彩排会设置比较大的强度，而演出当天的彩排应该比较轻松，只走一遍流程即可。另外，还要根据参演人员的具体情况和演出流程的难易程度来合理安排时间，人员众多或流程复杂的表演应该留出充裕的排练时间，小型的演出则可以酌情减少排练次数和时间。时间表的安排应该以舞台效果为准，根据完成情况可以适当调整，相应地增加或减少排练时间。

（二）排练的地点

很多服装表演的舞台都是临时搭建的，有些舞台甚至在演出当天才能完全搭建好，真正在演出舞台上的排练时间可能很短。因此服装表演的排练地点就分为非演出舞台和演出舞台两类。

1. 非演出舞台的排练

非演出舞台的排练地点一般是排练厅或其他与演出舞台大小差不多的场地，排练时应该注意演出舞台的尺寸和台型，秀场编导应告知模特实际表演的舞台大小和形状并模拟出表演区域，让模特在区域内指定的位置表演。这种排练首要解决的问题就是要确保模特熟悉走台线路和出场顺序，以及感受和体会走台音乐的节奏和变化。

2. 演出舞台的排练

无论在模拟舞台的排练中收到多么好的效果，正式舞台上的排练都是必不可少的。演出舞台的排练需要检验模拟舞台排练的效果，还要确定模特的站位、灯光位置等。另外，秀场编导还需注意模特换衣服的时间，这时的换装时间和正式演出时几乎相同。在不同的排练地点应该着重解决不同的问题，在非演出舞台排练时应该解决技术问题，在演出舞台排练时应该解决配合问题。另外，在实际场地的操练能缓解模特的紧张情绪，减少正式演出的错误率。

（三）排练的类型

排练的类型可以分为普通排练、彩排和联排。普通排练开始的时间多在演出前半个月或十天左右，依照演出规模和难度来确定，有的演出甚至提前两个月就开始着手排练。排练的地点一般在非演出舞台，排练时，模特、秀场编导、服装和背景音乐必须到位，模特前期可以手拿服装走台或固定造型，秀场编导主要考察模特的走台与音乐配合、出场衔接、造型动作设计、表演的风格把握等环节。

彩排的时间多在演出的前一天，地点在演出舞台。通常参与演出的各个部门都应到位，模特要穿着演出服装进行彩排。彩排时应该在整体环境下考虑各个演出环节设计的合理性，随时调整、随时检验构想是否完美。彩排强度较大，可能比较耗时甚至会经历多轮，最后一轮彩排的结束意味着演出方案正式确定，不再更改。

联排时间一般定在演出当天的早些时候，地点在演出舞台，参与演出的各个部门到位，模特带妆表演。应该和正式演出一样对待联排，中间不得停顿，各部门应保证配合默契不出错。联排时不宜强度太大，一般过一遍即可，确保演职人员的精力、体力可完成正式演出。秀场编导原则上不应对演出再作调整，只需考察部门间的配合情况即可。对联排中出现的问题应找相关部门提出，并在正式演出时重点把控。

排练是演出质量的保证，是秀场编导实现演出构想的过程，在这个过程中，秀场编导要审视自己当初的构想是否有不合理之处，是否可行。这是秀场编导自我修正的过程，也是模特自我调整的过程。服装、风格、动作等都可以在排练中不断调整和完善，最后一次排练可实现各部门间的相互配合，彼此熟悉，从而获得流畅的演出效果。

第七节　服装风格与服装表演

　　当下，服装表演作为展示时尚、展示服装内涵的重要媒介，是一门提升人们审美的艺术。服装表演蕴含着深厚的艺术气息，模特不仅需要具备基本素质与条件，还要运用恰当的表演技巧，将不同服装的风格与特点表达出来。

一、时尚都市风格

　　推崇"简单、时尚、自我"的生活方式，力求现代感和都市感，线条简洁，如修身立体的廓形或明快的色块拼接等（图2-31）。模特在表演时要独立、自信，刚柔并济，拥有青春的活力，音乐以中快速为主，现代感强，节奏欢快有力，台步要稍微大一些，动作自然，一般运用9点位造型和转体动作表现。

二、职业风格

　　职业风格在现代服装中多种多样，从行业的角度可以分为办公室人员的服装、服务人员的服装和车间作业人员的服装；从产品的类别分为西装、时装、夹克、中（西）式服装、制服和特种服装等。表演时可以营造不同职业的工作场景，模特要表现出不同职业的人物特点（图2-32）。台步适中，造型可根据不同职业和服装来决定，大多数为9点位造型。

三、田园风格

　　田园风格以田地和园圃特有的自然特征为形式手段，能够表现出乡间生活和艺术特色，表现出自然闲适的感觉，包括英式田园、美式乡村、中式田园、法式田园等各种风格。田园风格服装追求的是原始的、纯朴自然的美，舞台上可以运用实景道具实现环境的田园化，模特应表现出恬静、悠闲、浪漫、纯真的感觉，台步轻盈，造型动作可自然生活化，可适当添加情节表演（图2-33）。

四、前卫夸张风格

　　前卫夸张风格服装造型特征以怪异为主线，富于幻想，具有超前设计的流行元素，追求标新立异、

图2-31 时尚都市风格

图2-32 职业风格

反叛刺激，使用新颖奇特的面料较多，比如金属、塑料、纸、涂层面料等。模特在表演时也应根据服装的风格，表现出神秘、硬朗、魔幻、怪诞的感觉，造型可夸张，动静结合，打破常规，音乐以及舞台布景也可以营造出迷幻、空灵、神奇的氛围（图2-34）。

五、休闲运动风格

休闲装能够体现人的自然体态及舒适简洁的特征，配件如围巾、帽子、背包、眼镜等可以作为表演道具。模特在表演时应给人自然、轻松、活泼的感觉，音乐中速，台步轻盈流畅，有朝气，表演可情景化、生活化，可表达悠闲自然的状态（图2-35）。

运动装是根据各项运动的特点、比赛规定、运动员体形等因素以及有利于竞技的要求而制作的服装。运动装可分两大类，包括一般运动服装，如T恤、外套、短裤、运动鞋、帽子等，以及专用运动服装，如击剑衣、冰球服、登山服等。模特在表演时，要表现出活泼健康的感觉，动作可以稍微夸张、敏捷，步伐摆动也可以融入运动的肢体动作去表现。泳装属于运动装，是水上运动或海滩活动时的专业服装，也是模特大赛时展示形体的专用服装，模特在表演时胯部动作可以适当加大，台步灵活有弹性，也可以跑跳进行，可穿凉鞋也可光脚走台，造型可以动态与静态结合，运用多种点位和上肢造型。

六、礼服风格

礼服强调女性曲线，突出裙摆的重量感，充分展露肩、胸、手臂，为首饰留下表现空间，整体给人以雍容华贵、典雅端庄的服饰印象。在走台时模特的动作不易太多，动作幅度不易过大，过程要放慢。为了能突出高贵优雅的气质，体现身体曲线的柔美，通常模特会采用12点位S形的姿态进行展示。模特转体以小角度为主，充分运用上肢造型，要表现出高贵、典雅的风范，表情可甜美微笑，也可高冷，台步平稳、优雅、有韵味、有气场（图2-36）。

婚纱属于特殊礼服，代表着圣洁和庄严，模特在表演时应给人甜蜜、幸福、温柔的感觉，造型自然，表情柔和或微笑（图2-37）。

图2-33 田园风格

图2-34 前卫夸张风格

图2-35 休闲运动风格

图2-36 礼服

图2-37 婚纱

七、民族风格

（一）中国传统服装

旗袍（图2-38）是典型的中国传统女性服饰之一，汉服（图2-39）同样也是具有代表性的中国传统服饰。模特在表演时应根据不同的服饰文化运用不同的动作造型，也可以适当运用舞蹈造型。

中国各民族服装服饰种类繁多，这些具有民族性、多样性、区域性特点的多姿多彩的服装服饰是历史发展的产物，服装表演时可以从视觉审美、艺术情境、民族特征等方面增强舞台的视觉冲击力，并体现出我国民族服装的艺术内涵。

（二）其他国家传统服装

世界各国各民族的服装都具有鲜明的民族特色，如日本和服、韩服、印度纱丽、苏格兰服饰、印第安披风式外衣等 。

（三）将传统文化元素运用在服装秀场上

在服装秀场上，传统文化元素可以运用在舞台主体背板中（图2-40）；可以运用在实景道具中（图2-41）；可以运用在化妆造型中（图2-42）；可以运用在表演音乐制作中；还可以运用在服装表演编排中（图2-43）。以多样化的艺术形态，实现服饰艺术文化的有力展现，将传统文化元素以现代人的审美需求和艺术追求为导向，为服装表演注入鲜活的力量。

一场高水平的服装表演，是汇集了多种艺术表现手段的综合性创作工程，同时离不开深厚的文化底蕴。传统文化元素能够给现代服装表演带来新的启示与参考，注入传统文化元素的服装表演能够更好地展示传统美，让服装焕发出新的魅力，传承与弘扬历史文化，树立和坚定文化信心。希望具有中国特色的服装表演走向世界。

图2-38 旗袍

图2-39 汉服

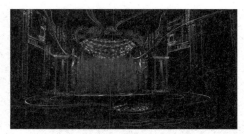

图2-40 传统文化元素运用在舞台背景中

图2-41 传统文化元素运用在实景道具中

图2-42 传统文化元素运用在化妆造型中

图2-43 传统文化元素运用在服装表演编排中

| 第三章 |

走姿与停步

走姿是人体所呈现出的一种动态，是站姿的延续。文雅、端庄的走姿，不仅给人以沉着、稳重、冷静的感觉，而且也是展示个人气质与修养的重要方式。服装表演的台步是一种来源于生活又区别于生活的行走姿态。在服装表演的过程中，一个完整的动作是由台步、停步造型和转体组合而成的，台步是贴近于生活，但夸张于生活的动作形态，目的在于创造更好的表演效果。

第一节　方位与点位

一、教室方位

方位是训练前的一项重要的认知，只有认清方位，才能在之后的课程和训练中理解和掌握教师的专业术语与动作讲解。在舞蹈学中，有针对舞蹈的八个方位，相对舞蹈而言，服装表演训练中的方位更多且更细化。

以钟表盘时钟的指针为点，模特站在教室中间为例，正前方为 12 点，正后方为 6 点，右侧方为 3 点，左侧方为 9 点（图 3-1）。点位可以是模特的整体方位在几点，也可以是身体各部位分别在几点。为了防止混淆不清，在教学中以右脚（腿）为基础主力脚（腿），以四拍为一组，从底台到台前走八拍，在走台过程中大多数情况下单数拍为左脚，双数拍为右脚（少部分情况例外），停步不论是静态停还是动态边转边停，总共四拍，转体 1 ～ 4 拍。

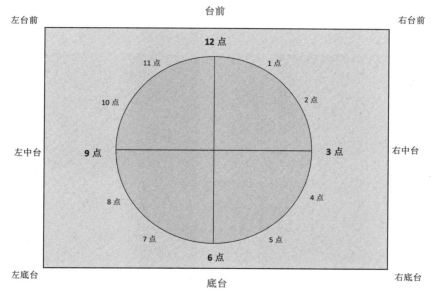

图 3-1　服装表演训练场地方位图

二、脚位

（一）模特常用钟表盘脚位

钟表盘脚位是服装表演学的术语，指训练中脚的基本位置与造型区别。走台中常用的脚位是12点位和9点位；在镜前造型时，理论上钟表盘的12个点位都可运用，在镜前造型实训时，会选择运用除了12点位和9点位以外的其他造型（详见第五章），不同脚位的停步、转体和步法在服装表演实训中是非常重要的部分，具有训练价值，也具有艺术表演价值。

1. 12点位造型（图3-2）

右脚尖指向1点到2点之间，左脚在右脚前指向12点（即丁字步），左脚脚后跟抬起，前脚掌内侧有向内触地的感觉，右腿伸直，左腿膝关节弯曲内扣，两脚之间的距离大约为一个脚的宽度；当主力脚在右脚时，出右胯在3点；当主力脚在左脚时，出左胯在9点。

2. 9点位造型（图3-3）

右脚尖指向1点到2点之间，左脚在9点位置指向10点到11点之间，左脚脚后跟抬起，前脚掌内侧有向内触地的感觉，两腿平行并伸直，两脚之间的距离与肩同宽或小于肩宽；当主力脚在右脚时，出右胯在3点；当两腿同时承重时，身体左右两边保持对称。如脚位不变，重心平移在左脚上，则出左胯在9点，这种造型也叫3点位造型。

（二）辅助脚位

1. 钟表盘其他点位

按照钟表盘点位的规律（以右腿主力腿，左腿自由腿为例），右腿是承担身体重量的，那么右脚不动，左脚可换变化点位，左脚的指向就是点位的名称（图3-4）。除了12点位和9点位在动态表演中运用较多，其他点位在动态表演中运用较少，但可作为静态造型。钟表盘点位在静态造型中的运用在第五章有详细分析。

2. 正步（图3-5）

正步一般是作为辅助练习的准备姿势；模特面部朝向、身体朝向、两脚尖朝向都在12点，两脚靠拢，膝盖伸直。

3. 靠步（图3-6）

靠步是在12点位基础上的内收；与12点位可以同时运用；靠步时，两脚后跟靠拢，一腿膝盖伸直，另一腿膝盖微曲，左右交替均可。

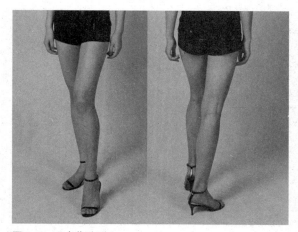

图3-2 12点位造型

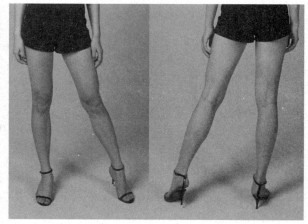

图3-3 9点位造型

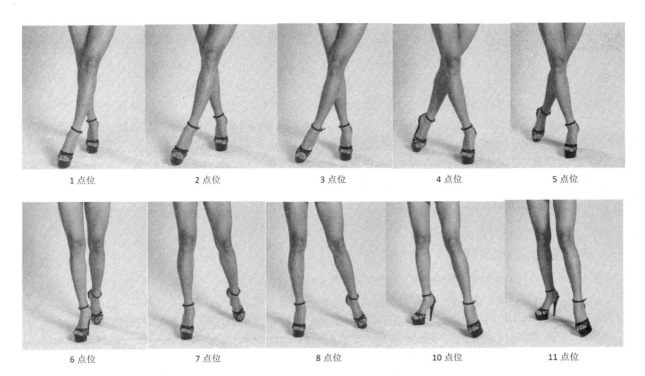

1 点位	2 点位	3 点位	4 点位	5 点位
6 点位	7 点位	8 点位	10 点位	11 点位

图 3-4 钟表盘其他点位

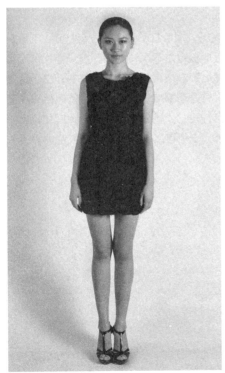

图 3-5 正步

图 3-6 靠步

第二节　走姿

走姿是在站姿的基础上迈步行走，是站姿的连续动作，走姿有三个要点：从容、平稳、直线。行走时，应当身体直立、收腹直腰，两眼平视前方，双臂放松，在身体两侧自然摆动，脚尖向正前方伸出，跨步均匀，步伐稳健，步履自然，有节奏感。行走中身体的重心要随着脚步的移动不断向前过渡，不要让重心停留在后脚，并注意在前脚着地和后脚离地时伸直膝部。步幅的大小应根据身高、着装的不同而有所调整。女性在穿裙装、旗袍或高跟鞋时，步幅相对小一些；穿休闲装和裤装时步伐大些，突显靓丽与活泼。

一、基本要领与注意事项

　　①身体保持"五点一线"站姿状态，膝盖伸直。

　　②直线行走前进，不可左右摇摆，脚尖向前伸出，不应向内或向外。女模有时候两脚小交叉，又叫"剪刀步"；男模身体的重心可以适当前倾并且两脚落在直线的两边，两脚平行但距离不能过大。腿部应是大腿带动小腿，脚跟先着地（穿高跟鞋时全脚掌应同时受力），保持步态平稳。

　　③两臂自然摆动，不晃肩膀，手掌向内，以身体为中心，前后摆臂，不要向身体内侧摆臂，向前摆臂时控制在身体两侧20°以内，角度不能太大。

　　④姿态自然协调，不僵直，不摇摆。

二、摆臂练习

　　摆臂是模特行走时保持美感的"天平"，会体现出模特的气场，摆臂时手腕要有一定力度，手臂沿身体两侧前后摆动，切勿左右摇摆或向身体前内侧摆臂，手指放松自然下垂，虎口朝前。当大臂带动小臂摆臂时，大臂摆动幅度大，小臂随着大臂的摆动自然而然地跟进摆臂，肘关节不弯曲；当小臂带动大臂时，发力点在小臂，肘关节弯曲，小臂摆动幅度大于大臂摆动幅度。具体到服装的风格来决定怎么走；比如女模特在穿裙子或者旗袍的时候，最好成小交叉行走，步伐适中不能太大，摆臂幅度稍微小一些，给人优雅轻柔的感觉；如果穿较中性的裤装或套装，步伐可以在能够掌控的范围内稍大一些，摆臂幅度不一定太大但要有力，呈现出柔中带刚的洒脱状态。

二、走姿辅助练习

1. 直线台步四拍分解

练习动作：

正步站立，膝盖伸直，双手叉腰

12 拍：左腿屈膝脚尖点地

34 拍：左腿屈膝抬起，脚尖离地，膝盖向内

56 拍：左腿伸直，脚自然状态指向 12 点

78 拍：左脚落地重心前推

22 拍：右腿屈膝脚尖点地

34 拍：右腿屈膝抬起，脚尖离地，膝盖向内

56 拍：右腿伸直，脚自然状态指向 12 点

本书节拍的书写方式：
1234 5678 拍表示第一个八拍，2234 5678 拍表示第二个八拍……以此类推；
1234 拍表示第一个八拍的第 1 至第 4 拍，2234 拍表示第二个八拍的第 1 至第 4 拍……以此类推；
12 拍表示第一个八拍的第 1、第 2 拍，22 拍表示第二个八拍的第 1、第 2 拍……以此类推。

78 拍：右脚落地重心前推

依次左右重复

2.9 点位换重心训练

练习动作：

右腿主力腿 9 点位站立，手臂自然下垂

12 拍：1 点位迈出左脚，落地换重心

34 拍：上右脚形成左脚主力脚的 9 点位站立

56 拍：11 点位迈出右脚，落地换重心

78 拍：上左脚形成右脚主力脚的 12 点位站立

依次重复

3. 12 点位摆臂训练

摆臂练习时先只动手臂，两拍摆动一次，然后再配合腿部以及胯部的重心摆动去练习摆臂。

模特走姿与平常行走不同，有一定程度的夸张和艺术加工。通过适度夸张的优美动作，能更好地体现所展示的服装独特的设计和亮点。服装表演中，如何把握好表演的"度"，是每一位模特都需要仔细领悟体会的。

正面朝观众是直接的交流；而背面朝向观众，会带给人们期待；侧面朝向观众则介于两者之间，有一种若隐若现的感觉。模特正面走向观众时，着重展示服装的正面效果，服装表演中除了正面以外，侧面和背面也是非常重要的，通过不同的造型展示服装不同的面。

第三节　停步

服装表演是动静结合的过程，行走时需要停下来摆造型，一般是在台前停步造型，但有时也会在中台或舞台上某一指定位置停步造型。停步造型是服装展示的重要方法，模特停步时，不仅展示了服装美，也表现了自身的美。停步根据服装不同的风格可以停成 12 点位或 9 点位造型，停步后方位不变为直接停步；停步后与走台的方向为 90°，叫做 90° 停步，也叫四分之一停步，90° 停步有左右两侧 90° 停步；停步后方向与走台方向相反为 180° 停步，也叫二分之一停步；停步时通过 270° 转体完成的停步叫做 270° 停步，也叫作四分之三停步。这里的角度指的是模特脚位上的变化，是参照方位上的改变，脚位变化的同时，身体朝向与面部朝向都随之发生不同的改变。

在动态行走后，不论什么方式的停步，停下后给观众呈现出的造型就是定点造型。定点造型是停步后与再进行转体时中间的过渡，一般为 1 ～ 4 拍。

一、直接停步

直接停步就是行走的方向与停步后的方向保持一致。模特面对 12 点方向行走时，直接停步后 12 点位定点造型，右脚尖指向 1 点到 2 点之间，左脚在右脚前指向 12 点，身体和面部朝向均在 12 点方向（图 3-7）；模特面对 12 点方向行走时，直接停步后 9 点位定点造型，右脚尖指向 1 点到 2 点之间，左脚在 9 点位置指向 10 点到 11 点之间，左脚脚后跟抬起，前脚掌内侧有向内触地的感觉，两腿平行并伸直，两脚之间的距离与肩同宽或小于肩宽（图 3-8）。

二、180°停步

180°停步就是行走的方向与停步后的方向相反。模特面对12点方向行走时，180°停步后12点位定点造型，右脚尖指向7点到8点之间，左脚在右脚前指向6点，身体和面部朝向均在6点方向（图3-9）；模特面对12点方向行走时，180°停步后9点位定点造型，右脚尖指向7点到8点之间，左脚在3点位置指向4点到5点之间，左脚脚后跟抬起，前脚掌内侧有向内触地的感觉，两腿平行并伸直，两脚之间的距离与肩同宽或小于肩宽（图3-10）；同样的规律，当模特面对6点方向行走时，180°停步后面以12点为停步方向；当模特面对9点方向行走时，180°停步后以3点为停步方向；当模特面对3点方向行走时，180°停步后以9点为停步方向；在3点和9点做180°停步时，要考虑镜头的位置，一般假设镜头的位置在台前12点方向，因此模特需要把面部朝向偏向镜头的一侧。

三、左侧90°停步

左侧90°停步就是行走的方向与停步后的方向为90°，且是向模特自身的左侧旋转停步。模特面对12点方向行走时，左侧90°停步后12点位定点造型，右脚尖指向10点到11点之间，左脚指向9点，身体朝向在10点到11点之间，面部朝向在12点方向（图3-11）；模特面对12点方向行走时，左侧90°停步后9点位定点造型，右脚尖指向10点到11点之间，左脚在6点位置指向7点到

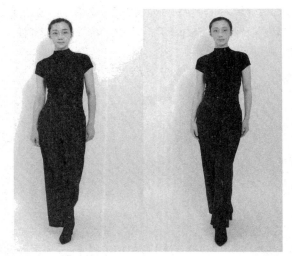

图3-7　12点位直接停步

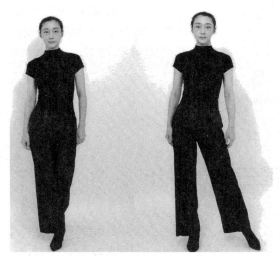

图3-8　9点位直接停步

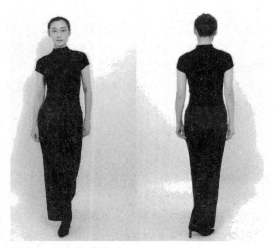

图3-9　12点位180°停步

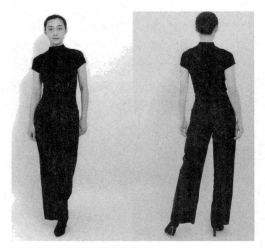

图3-10　9点位180°停步

8点之间，身体朝向在 10 点到 11 点之间，面部朝向在 12 点方向（图 3-12）；同样的规律，当模特面对 6 点方向行走时，左侧 90° 停步后以 3 点为停步方向；当模特面对 9 点方向行走时，左侧 90° 后以 6 点为停步方向；当模特面对 3 点方向行走时，左侧 90° 停步后以 12 点为停步方向；除了背面之外，在其他方向做 90° 停步时，要考虑镜头的位置，因此模特需要把面部朝向偏向镜头的一侧。

四、右侧 90° 停步

右侧 90° 停步就是行走的方向与停步后的方向为 90°，且是向模特自身的右侧方向旋转停步，此时主力脚会随之变化。

模特面对 12 点方向行走时，右侧 90° 停步后 12 点位定点造型，左脚尖指向 1 点到 2 点之间，右脚指向 3 点，身体朝向在 1 点到 2 点之间，面部朝向在 12 点方向（图 3-13）；模特面对 12 点方向行走时，右侧 90° 停步后 9 点位定点造型，左脚脚尖指向 1 点到 2 点之间，右脚在 6 点位置指向 4 点到 5 点之间，身体朝向在 1 点到 2 点之间，面部朝向在 12 点方向（图 3-14）；同样的规律，当模特面对 6 点方向行走时，右侧 90° 停步后以 9 点为停步方向；当模特面对 9 点方向行走时，右侧 90° 停步后以 12 点为停步方向；当模特面对 3 点方向行走时，右侧 90° 停步后以 6 点为停步方向；除了背面之外，在其他方向做 90° 停步时，要考虑镜头的位置，因此模特需要把面部朝向偏向镜头的一侧。

图 3-11 12 点位左侧 90° 停步

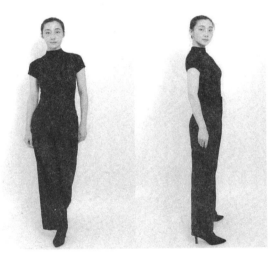

图 3-12 9 点位左侧 90° 停步

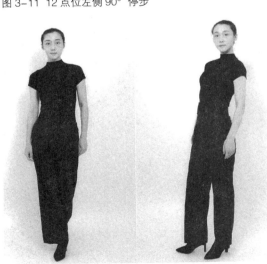

图 3-13 12 点位右侧 90° 停步

图 3-14 9 点位右侧 90° 停步

五、270°停步

270°停步就是行走的方向与停步后的方向为270°，且是模特经过270°的旋转停步，钟表盘一圈为360°，那么270°停步从另一个角度看，与行走的方向是90°的夹角，这是旋转270°以外的部分。

模特面对12点方向行走时，270°停步后12点位定点造型，右脚尖指向4点到5点之间，左脚指向3点，身体朝向在3点，面部朝向在12点方向；模特面对6点方向行走时，270°停步后12点位定点造型，右脚尖指向10点到11点之间，左脚指向9点，身体朝向在10点到11点之间，面部朝向在12点方向（图3-15）。

9点位的270°停步在行走方向为12点或6点时不易完成，且动作不美观，但在行走方向为3点或9点时可以完成270°停步；当模特行走方向为9点时，270°停步后以12点为停步方向（图3-16），当模特行走方向为3点时，270°停步后以6点为停步方向（图3-17）。

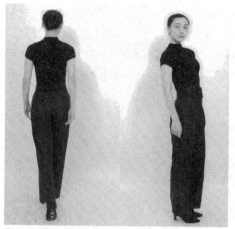

图3-15 12点位270°停步从6点到9点方向

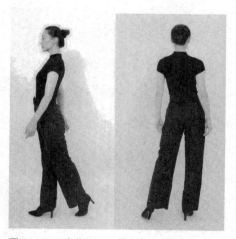

图3-16 9点位270°停步从9点到12点方向　　　图3-17 9点位270°停步从3点到6点方向

六、停步路线练习

（一）直线停步练习

直线停步练习可以走2～4拍一停，练习时将12点位与9点位分开，从小的角度开始，先进行12点位的直接停步、两侧90°停步、180°停步、270°停步；再进行9点位的直接停步、两侧90°停步、180°停步练习。

（二）Y形停步练习（图3-18）

底台起点准备，模特向台前行走到中台，第一个点是直接停步，然后向右前方斜线行走，第二个点为左侧90°停步，斜线向中台行走，第三个点为180°停步，向左前方向斜线行走，第四个点为右侧90°停步，再斜线向中台行走，180°停步，这里中台包含的三个点是同一位置。Y形停步练习12点位造型和9点位造型均可练习。

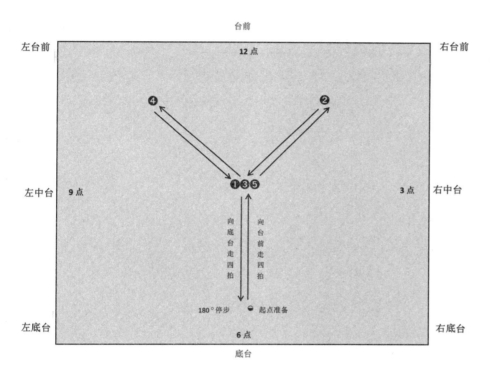

图3-18　Y形停步练习示意图

（三）三角五点停步练习（图3-19）

底台起点准备，模特向台前行走到中台，第一个点是直接停步，然后向左前方行走，第二个点为右侧90°停步，接着向右侧3点方向平行行走，第三个点为270°停步，然后向右侧方向行走，第四个点为180°停步，接着向台前行走，第五个点为左侧90°停步，随后回到第一个点，再次进行180°停步；这里中台包含的两个点是同一位置。三角五点停步练习12点位造型和9点位造型均可练习，在练习过程中，可以将第三个点变为向1点方向行走，这样可加强折线练习。

（四）H形停步练习（图3-20）

底台起点准备，模特在右侧向台前行走到中台，第一个点是直接停步，然后向前行走，第二个点为180°停步，原路返回，第三个点为右侧90°停步，然后向9点方向平行行走，第四个点为270°停步，接着在左侧向台前行走，第五个点为左侧90°停步，随后直线向底台左侧行走八拍，再次进行180°停步。H形停步练习12点位造型和9点位造型均可练习，在练习过程中，可以再反向行走回到起点位置，反向行走时的停步方向可以与第一遍不同，也可以让学生创编加强记忆；在 12 点位停步练习时可以每个点结合叉腰造型来丰富造型。

- **教学提示：** 先练习直接停步与 180° 停步，在学习了直接停步后的基础转体之后再练习其他不同方位的停步会更容易理解和掌握，台步、停步与转体相辅相成。
- **教学重点：** 在每一个点停步时保持好原来的点位造型。
- **教学难点：** 停步过程与停下来时不同方位的区别。

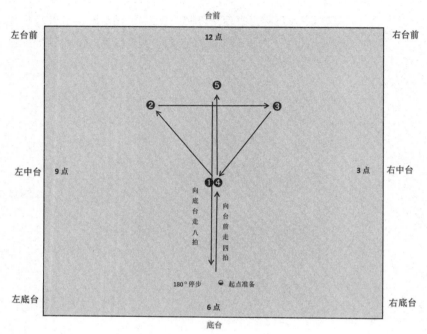

图 3-19　三角五点停步练习示意图

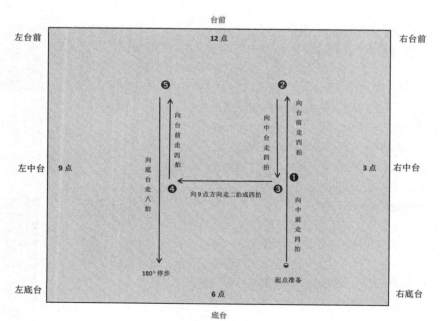

图 3-20　H 形停步练习示意图

| 第四章 |

转体

　　模特的转体动作是服装表演的一个基本动作，它在走台运动方向中起到了中介及节奏转换的作用，是在镜头前多角度展示服装和模特的主要方法。模特走台和转体动作必须自然流畅，使台下的观众能观赏到多个方位展示的服装效果。模特转体时应该做到流畅、自然，符合现场音乐的节奏和表演氛围。

第一节　12 点位基础转体

　　正面停步后的基础转体是核心基础，必须反复练习完全掌握，其他方位停步后的转体根据正面停步后的运用规律而灵活运用，在组合转体中会涉及不同方向停步时的不同角度和方式的转体。特别注意侧面时脚的朝向、身体朝向与面部朝向的层次以及留头时间。

一、直接停步基础转体

　　台前直接正面停步，就是先向观众展示模特的正面，再运用不同角度的转体展示其他面。

（一）直接停步 + 上步 90°转体

　　12 点位直接正面停步 + 上步 90°转体动作分解：直接停步四拍后，第五拍左脚向 12 点方向迈出；第六拍向左脚的右侧 3 点方向落右脚，落地时右脚尖指向 10 点到 11 点之间；第七拍左脚调整到脚尖指向 9 点方向，身体朝向与主力脚方向相同，在 10 点到 11 点之间，面部朝向在 12 点，第八拍保持一拍，向后回行的第一拍撤左脚，第二拍迈右脚时回头再接着向后走。

　　练习动作（12 点位直接停步 + 上步 90°转体）：

　　底台 12 点位造型准备（4×8 拍）

　　1234 5678 拍：向台前行走八拍

　　2234 拍：直接停步四拍

　　5678 拍：上步 90°转体

　　3234 5678 拍：向底台回行八拍

　　4234 拍：底台 180°停步回正

　　5678 拍：空四拍

（二）直接停步 + 上步 180° 转体

12 点位直接正面停步 + 上步 180° 转体动作分解：直接停步四拍后，第五拍左脚向 12 点迈出；第六拍右脚向 12 点方向迈出，落地时右脚脚尖指向 9 点，身体朝向 10 点到 11 点之间，面部朝向 12 点；第七拍两脚同时向逆时针旋转到左脚尖指向 6 点，右脚尖指向 7 点到 8 点之间；第八拍回头，向后回行的第一拍直接迈左脚行走。

练习动作（12 点位直接停步 + 上步 180° 转体）：

底台 12 点位造型准备（4×8 拍）

1234 5678 拍：向台前行走八拍

2234 拍：直接停步四拍

5678 拍：上步 180° 转体

3234 5678 拍：向底台回行八拍

4234 拍：底台 180° 停步回正

5678 拍：空四拍

（三）直接停步 + 上步 270° 转体

12 点位直接正面停步 + 上步 270° 转体动作分解：正面直接停步四拍后，第五拍向正前方 12 点方向迈出左脚；第六拍向左脚的左侧 9 点方向落右脚，此时左脚后跟抬起随之旋转；第七拍两脚同时逆时针旋转调整到右脚尖指向 4 点到 5 点之间，左脚尖指向 3 点方向，身体朝向在 3 点，面部朝向在 12 点，第八拍保持一拍，向后回行的第一拍直接迈左脚行走。

练习动作（12 点位直接停步 + 上步 270° 转体）：

底台 12 点位造型准备（4×8 拍）

1234 5678 拍：向台前行走八拍

2234 拍：直接停步四拍

5678 拍：上步 270° 转体

3234 5678 拍：向底台回行八拍

4234 拍：底台 180° 停步回正

5678 拍：空四拍

（四）直接停步 + 移重心 90° 转体

12 点位正面停步 + 移重心 90° 转体动作分解：正面停步四拍，第五拍左脚向后找右脚的左侧 9 点方向落地，落地变为主力脚的同时左脚尖指向 1 点到 2 点之间；第六拍右脚调整到脚尖指向 3 点方向，身体朝向与主力脚方向相同，在 1 点到 2 点方向之间，面部朝向在 12 点方向；第七拍保持一拍；第八拍向 6 点方向撤右脚，回行第一拍向底台 6 点方向迈左脚并回头。

练习动作（12 点位直接停步 + 移重心 90° 转体）：

底台 12 点位造型准备（4×8 拍）

1234 5678 拍：向台前行走八拍

2234 拍：直接停步四拍

5678 拍：移重心 90° 转体

3234 5678 拍：向底台回行八拍

4234 拍：底台 180° 停步回正

5678 拍：空四拍

（五）直接停步 + 移重心 180° 转体

12 点位正面直接停步 + 移重心 180° 转体动作分解：正面停步四拍，第五拍左脚在原地抬起，落地变为主力脚的同时左脚尖指向 3 点；第六拍两脚同时顺时针旋转到左脚尖指向 4 点到 5 点之间，右脚尖指向6点，面部朝向在1点到2点之间；第七拍回头，身体朝向6点；第八拍右脚向底台6点方向迈出一小步，回行第一拍左脚向6点方向正常行走。

练习动作（12点位直接停步+移重心180°转体）：

底台12点位造型准备（4×8拍）

1234 5678拍：向台前行走八拍

2234拍：直接停步四拍

5678拍：移重心180°转体

3234 5678拍：向底台回行八拍

4234拍：底台180°停步回正

5678拍：空四拍

（六）直接停步+移重心270°转体

12点位正面停步+移重心270°转体动作分解：正面停步四拍，第五拍左脚向后找右脚的右侧3点方向落地，此时右脚后跟抬起随之旋转；第六拍和第七拍连贯完成，两脚同时顺时针旋转调整到左脚尖指向7点到8点之间，右脚尖指向9点方向，身体朝向在9点，面部朝向在12点，第八拍原地转换主力脚为右脚，向后回行的第一拍撤左脚，第二拍迈右脚并回头行走。

练习动作（12点位直接停步+移重心270°转体）：

底台12点位造型准备（4×8拍）

1234 5678拍：向台前行走八拍

2234拍：直接停步四拍

5678拍：移重心270°转体

3234 5678拍：向底台回行八拍

4234拍：底台180°停步回正

5678拍：空四拍

二、180°停步基础转体

台前180°停步，就是先向观众展示模特的背面，再运用不同角度的转体展示其他面，这里的180°停步是指上步逆时针转180°停下来。

（一）180°停步+上步180°转体、上步90°转体、上步270°转体

12点位180°停步+上步90°转体动作分解：180°停步四拍后，第五拍向6点方向迈出左脚；第六拍向左脚的右侧9点方向落右脚，落地时右脚尖指向4点到5点之间；第七拍左脚调整到脚尖指向3点方向，身体朝向3点，面部朝向在12点，第八拍保持一拍，向后回行的第一拍直接向6点方向迈左脚并回头再接着向后走。

12点位180°停步+上步180°转体动作分解：180°停步四拍后，第五拍左脚向6点迈出；第六拍右脚向6点方向迈出，落地时右脚脚尖指向3点，面部朝向迅速回到12点；第七拍两脚同时逆时针旋转到左脚尖指向12点，右脚尖指向1点到2点之间；第八拍保持一拍。12点位180°停步+上步180°转体是从背面转到正面，如果在台前运用，则需要再加一个基础转体向后回行，如果在中台运用，则转体变为正面后继续向台前行走。

12点位180°停步+上步270°转体动作分解：180°停步四拍后，第五拍向6点方向迈出左脚；第六拍向左脚的左侧3点方向落右脚，此时左脚后跟抬起随之旋转；第七拍两脚同时逆时针旋转调整到右脚尖指向10点到11点之间，左脚尖指向9点方向，身体朝向在10点到11点之间，面部朝向在12点，第八拍保持一拍，向后回行的第一拍向6点方向撤左脚，第二拍回头直接迈左脚行走。

练习动作（12 点位 180° 停步与上步转体综合练习）：

底台 12 点位造型准备（7×8 拍）

1234 拍：向台前行走四拍

5678 拍：中台 180° 停步

2234 拍：上步 180° 转体

5678 拍：向台前行走四拍

3234 拍：台前 180° 停步

5678 拍：上步 90° 转体

4234 拍：向底台回行四拍

5678 拍：中台 180° 停步

5234 拍：向台前行走四拍

5678 拍：台前 180° 停步

6234 拍：上步 270° 转体

5678 7234 拍：向底台回行八拍

5678 拍：底台 180° 停步回正

（二）180° 停步 + 移重心 180° 转体、移重心 90° 转体、移重心 270° 转体

12 点位 180° 停步 + 移重心 90° 转体动作分解：180° 停步四拍后，保持在 180° 停步第三拍的造型，即身体朝向与右脚尖指向 7 点到 8 点之间，左脚指向 6 点，面部朝向在 10 点到 11 点之间；第五拍左脚向后找右脚的左侧 3 点方向落地，落地变为主力脚的同时左脚尖指向 7 点到 8 点之间，面部朝向回到 12 点；第六拍右脚调整到脚尖指向 9 点方向，身体朝向在 9 点方向，面部朝向在 12 点方向；第七拍保持一拍；第八拍原地转换主力脚为右脚，两脚同时逆时针旋转 90° 并回头；回行第一拍向底台 6 点方向直接迈左脚。

12 点位 180° 停步 + 移重心 180° 转体动作分解：180° 停步四拍后，保持在 180° 停步第三拍的造型，即身体朝向与右脚尖指向 7 点到 8 点之间，左脚指向 6 点，面部朝向在 10 点到 11 点之间；第五拍右脚在原地抬起，再落地变为主力脚的同时左脚尖指向 9 点，面部朝向回到 12 点；第六拍两脚同时顺时针旋转到左脚尖指向 10 点到 11 点之间，右脚尖指向 12 点（即正面左脚为主力脚的 12 点位造型）；第七拍保持一拍；12 点位 180° 停步 + 移重心 180° 转体是从背面转到正面，如果在台前运用，则需要再加一个基础转体向后回行，第八拍看情况而定；如果在中台运用，第八拍右脚在 12 点方向迈出一小步后左脚继续向台前行走。

12 点位 180° 停步 + 移重心 270° 转体动作分解：180° 停步四拍后，保持在 180° 停步第三拍的造型，即身体朝向与右脚尖指向 7 点到 8 点之间，左脚指向 6 点，面部朝向在 10 点到 11 点之间；第五拍左脚向前找右脚的右侧 9 点方向落地，此时右脚后跟抬起随之旋转，面部朝向回到 12 点；第六拍两脚同时顺时针旋转调整到左脚尖指向 1 点到 2 点之间，右脚尖指向 3 点方向，身体朝向在 1 点到 2 点之间；第七拍保持一拍；第八拍向 6 点方向撤右脚，回行第一拍向底台 6 点方向迈左脚并回头。

练习动作（12 点位 180° 停步与移重心转体综合练习）：

底台 12 点位造型准备（7×8 拍）

1234 拍：向台前行走四拍

5678 拍：中台 180° 停步

2234 拍：移重心 180° 转体

5678 拍：向台前行走四拍

3234 拍：台前 180° 停步

5678 拍：移重心 90° 转体

4234 拍：向底台回行四拍

5678 拍：中台 180° 停步

5234 拍：向台前行走四拍

5678 拍：台前 180° 停步

6234 拍：移重心 270° 转体

5678 7234 拍：向底台回行八拍

5678 拍：底台 180° 停步回正

- **教学提示：**先单项直线八拍重复练习一个方位的转体，再组合练习，180° 停步后的基础转体与正面停步相反，需要加强方位与方向意识。

三、左侧 90° 停步基础转体

向左侧 90° 停步，就是先向观众展示模特的右侧面，再运用不同角度的转体展示其他面。

（一）左侧 90° 停步 + 上步 90° 转体

12 点位台前向左侧 90° 停步 + 移重心 90° 转体动作分解：左侧 90° 停步四拍后（停步时第一拍向右前 1 点方向迈出左脚），第五拍向 9 点方向迈出左脚；第六拍向左脚的右侧 12 点方向落右脚，落地时右脚尖指向 7 点到 8 点之间，身体朝向与主力脚方向相同，在 7 点到 8 点之间，面部朝向在 10 点；第七拍保持一拍；第八拍回头调整为背面 12 点位造型，向后回行的第一拍直接迈左脚行走。

练习动作（12 点位左侧 90° 停步 + 上步 90° 转体）：

底台 12 点位造型准备（4×8 拍）

1234 5678 拍：向台前行走八拍

2234 拍：左侧 90° 停步四拍

5678 拍：上步 90° 转体

3234 5678 拍：向底台回行八拍

4234 拍：底台 180° 停步回正

5678 拍：空四拍

（二）左侧 90° 停步 + 上步 180° 转体

12 点位台前向左侧 90° 停步 + 上步 180° 转体动作分解：左侧 90° 停步四拍后（停步时第一拍向右前 1 点方向迈出左脚），第五拍向 9 点方向迈出左脚；第六拍右脚向 9 点方向迈出，落地时右脚脚尖指向 6 点；第七拍两脚同时逆时针旋转到左脚尖指向 3 点，右脚尖指向 4 点到 5 点之间，身体朝向 3 点方向，面部朝向在 12 点；第八拍保持一拍，向后回行的第一拍左脚向 6 点迈出的同时回头继续行走。

练习动作（12 点位左侧 90° 停步 + 上步 180° 转体）：

底台 12 点位造型准备（4×8 拍）

1234 5678 拍：向台前行走八拍

2234 拍：左侧 90° 停步四拍

5678 拍：上步 180° 转体

3234 5678 拍：向底台回行八拍

4234 拍：底台 180° 停步回正

5678 拍：空四拍

- **教学提示：**先单项直线八拍重复练习一个方位的转体，再组合练习，向左侧 90° 停步时通常是在停步的第一拍向 12 点方向迈出左脚，但在接上步转体时需要"欲左先右"，即停步时第一拍向右前 1 点方向迈出左脚，使模特整体站位偏向右侧，然后再上步转体。

四、两侧停步后的移重心 270° 转体

两侧停步后再运用移重心 270° 转体就是先向观众展示模特的侧面，再运用移重心 270° 转体展示背面。

左侧 90° 停步四拍后，第五拍左脚向 12 点方向迈出，左脚脚尖指向 1 点到 2 点之间，第六拍两脚同时顺时针旋转到左脚脚尖指向 4 点到 5 点之间，右脚脚尖指向 6 点（即背面左脚为主力脚的 12 点位造型），第七拍回头，第八拍落右脚或右脚向前迈出一小步，向后回行第一拍迈出左脚。

右侧 90° 停步四拍后，第五拍右脚向 12 点方向迈出，右脚脚尖指向 10 点到 11 点之间，第六拍两脚同时逆时针旋转到右脚脚尖指向 7 点到 8 点之间，左脚脚尖指向 6 点（即背面右脚为主力脚的 12 点位造型），第七拍保持一拍，第八拍回头，向后回行第一拍迈出左脚。

练习动作（12 点位两侧停步后的移重心 270° 转体 ）：

12 点位造型准备（7×8 拍）

1234 拍：向台前行走四拍

5678 拍：左侧 90° 停步

2234 拍：移重心 270° 转体

5678 拍：回行走四拍

3234 拍：180° 停步

5678 拍：向台前行走四拍

4234 拍：右侧 90° 停步

5678 拍：移重心 270° 转体

5234 拍：回行走四拍

5678 拍：180° 停步

• **教学提示：两侧停步时变化相反，回头的节拍不同。**

在以上练习中涉及左侧 90° 停步后的基础转体，没有重点练习右侧 90° 停步后的基础转体。右侧 90° 停步先向观众展示模特的左侧面，再运用不同角度的转体展示其他面。右侧 90° 停步后主力脚会由原先的右脚变为左脚，再进行上步转体后主力脚与停步后的主力脚相同，这种情况在每一次的第八拍都要将主力脚转换为右脚。这在理论上是成立的，在实践中，会把基础转体变繁琐，完全可以通过其他方位的停步转体达到相同的展示作用。因此，右侧 90° 停步后的转体以练习组合转体为主。

第二节　9点位基础转体

9点位造型适用于男模以及女模在表达时尚休闲、个性前卫风格时的造型，可以先运用右脚为主力脚统一训练，再统一练习9点位无主力脚的双脚同时承重时的转体，其方法与上述相同的原则和方位，在移重心90°转体时，保持右侧的方位方向即可。

一、直接停步基础转体

（一）直接停步＋上步90°转体

9点位直接正面停步＋上步90°动作分解：正面直接停步四拍后，第五拍向正前方12点方向迈出左脚；第六拍再向12点方向迈右脚，右脚落地时右脚尖指向10点到11点之间，身体朝向与主力脚方向相同，在10点到11点之间，面部朝向在12点；第七拍、第八拍保持两拍，向后回行的第一拍左脚向6点方向撤一小步，第二拍迈右脚时回头再接着向后走。

练习动作（9点位直接停步＋上步90°转体）：

底台9点位造型准备（4×8拍）

1234 5678拍：向台前行走八拍

2234拍：直接停步四拍

5678拍：上步90°转体

3234 5678拍：向底台回行八拍

4234拍：底台180°停步回正

5678拍：空四拍

（二）直接停步＋上步180°转体

9点位直接正面停步＋上步180°动作分解：正面直接停步四拍后，第五拍左脚向1点方向迈出；第六拍右脚向9点方向迈出，两脚脚尖与身体朝向都指向9点，面部朝向在12点；第七拍两脚同时逆时针旋转到右脚尖指向7点到8点之间，左脚尖指向4点到5点之间，面部朝向在10点；第八拍回头并调整为背面9点位造型，向后回行的第一拍直接迈左脚行走。

练习动作（9点位直接停步＋上步180°转体）：

底台9点位造型准备（4×8拍）

1234 5678拍：向台前行走八拍

2234拍：直接停步四拍

5678拍：上步180°转体

3234 5678拍：向底台回行八拍

4234拍：底台180°停步回正

5678拍：空四拍

（三）直接停步＋移重心90°转体

9点位正面停步＋移重心90°动作分解：正面停步四拍，第五拍左脚向12点方向迈出，落地变为主力脚的同时左脚尖指向1点到2点之间，身体朝向与主力脚方向都在1点到2点之间，面部朝向在12点；第六拍、第七拍保持两拍，第八拍右脚向6点方向撤步，回行第一拍迈左脚时回头再接着向后走。

练习动作（9 点位直接停步 + 移重心 90° 转体）：

底台 9 点位造型准备（4×8 拍）

1234 5678 拍：向台前行走八拍

2234 拍：直接停步四拍

5678 拍：移重心 90° 转体

3234 5678 拍：向底台回行八拍

4234 拍：底台 180° 停步回正

5678 拍：空四拍

（四）直接停步 + 撤一步转体

9 点位直接正面停步 + 撤一步转体动作分解：9 点位直接正面停步，（主力脚为右脚）停四拍，回行第一拍左脚向右脚后面 6 点方向撤一步，脚尖指向 10 点，第二拍右脚直接迈在 6 点方向并回头向后行走。如停步后主力脚为左脚，台前停三拍，第四拍右脚向左脚后面 6 点方向撤一步，脚尖指向 2 点，向后回行第一拍左脚直接迈在 6 点方向并回头向后行走。

练习动作（9 点位直接停步 + 左脚撤一步转体）：

底台 9 点位造型准备（3×8 拍）

1234 5678 拍：向台前行走八拍

2234 拍：直接停步四拍（右脚主力脚）

5678 3234 拍：向底台回行八拍（前两拍为撤一步转体）

5678 拍：底台 180° 停步回正

练习动作（9 点位直接停步 + 右脚撤一步转体）：

底台 9 点位造型准备（3×8 拍）

1234 5678 拍：向台前行走八拍

2234 拍：直接停步四拍（左脚主力脚）第四拍撤右脚

5678 3234 拍：向底台回行八拍

5678 拍：底台 180° 停步回正

（五）直接停步 + 撤两步转体

9 点位直接正面停步 + 撤一步转体动作分解：9 点位直接正面停步，停四拍，回行第一拍左脚向右脚后面 6 点方向撤一步，脚尖指向 10 点；第二拍右脚再向左脚后面 6 点方向撤一步，右脚指向 9 点方向，第三拍左脚向 6 点方向撤步，身体朝向 9 点方向；第四拍右脚直接迈在 6 点方向并回头向后行走。

练习动作（9 点位直接停步 + 撤两步转体）：

底台 9 点位造型准备（3×8 拍）

1234 5678 拍：向台前行走八拍

2234 拍：直接停步四拍

5678 拍：撤两步转体

3234 拍：再向底台回行四拍

5678 拍：底台 180° 停步回正

二、180° 停步基础转体

台前 180° 停步，就是先向观众展示模特的背面，再运用不同角度的转体展示其他面。

180° 停步 + 上步 180° 转体（中台）、上步 90° 转体、移重心 90° 转体

9 点位 180° 停步 + 上步 180° 转体动作分解：180° 转步四拍后，第五拍向 7 点方向迈出左脚；第六拍向 9 点方向迈右脚，落地时右脚尖指向 3 点，身体朝向 3 点；第七拍两脚同时逆时针旋转调整到右脚尖指向 1 点到 2 点之间，左脚在 9 点位置指向 10 点到 11 点之间（即正面 9 点位造型）；第八拍保持一拍。9 点位 180° 停步 + 上步 180° 转体是从背面转到正面，如果在台前运用，则需要再加一个基础转体向后回行，如果在中台运用，则转体变为正面后继续向台前行走。

9 点位 180° 停步 + 上步 90° 转体动作分解：180° 转步四拍后，第五拍向 6 点方向迈出左脚；第六拍仍然向 6 点方向迈右脚，落地时右脚尖指向 4 点到 5 点之间，身体朝向 3 点；第七拍、第八拍保持两拍；向后回行的第一拍直接向 6 点方向迈左脚并回头再接着向后走。

9 点位 180° 停步 + 移重心 90° 转体动作分解：180° 停步四拍后，保持在 180° 停步第三拍的造型，即身体朝向与右脚尖指向 7 点到 8 点之间，面部朝向在 10 点到 11 点之间；第五拍左脚在 6 点方向迈出，落地变为主力脚的同时左脚尖指向 7 点到 8 点之间，身体朝向 9 点，面部朝向回到 12 点；第七拍保持一拍；第八拍原地转换主力脚为右脚，身体逆时针旋转 90° 并回头；回行第一拍向底台 6 点方向直接迈左脚。如果没有明显的主力脚，可以直接第一拍迈左脚回行。

练习动作（9 点位 180° 停步与上步转体综合练习）：

底台 9 点位造型准备（7×8 拍）

1234 拍：向台前走四拍

5678 拍：中台 180° 停步

2234 拍：上步 180° 转体

5678 拍：向台前走四拍

3234 拍：180° 停步

5678 拍：上步 90° 转体

4234 拍：向底台回行四拍

5678 拍：中台 180° 停步

5234 拍：向台前走四拍

5678 拍：180° 停步

6234 拍：移重心 90° 转体

5678 7234 拍：向底台回行八拍

5678 拍：底台 180° 停步回正

三、两侧 90° 停步基础转体

9 点位上步 270° 转体只适合在左右两侧停步时运用，如果是在 9 点方位的侧面，上步 270° 第一拍左脚迈在 7 点方向；如果是在 3 点方位的侧面，上步 270° 第一拍左脚迈在 1 点方向。

（一）左侧 90° 停步 + 上步 270° 转体（中台）+ 上步 90° 转体

9 点位左侧 90° 停步 + 上步 90° 转体动作分解：左侧 90° 停步四拍后（停步时第一拍向右前 1 点方向迈出左脚），第五拍向 9 点方向迈出左脚一小步；第六拍再向 9 点方向迈出右脚，落地时右脚尖指向 7 点到 8 点之间，身体朝向与主力脚方向相同，在 7 点到 8 点之间，面部朝向在 10 点；第七拍保持一拍；第八拍回头并调整为背面 9 点位造型，向后回行的第一拍直接迈左脚行走。

9 点位台前向左侧 90° 停步 + 上步 270° 转体动作分解：左侧 90° 停步四拍后，第五拍向 7 点方向迈出左脚；第六拍向 3 点方向落右脚，此时左脚后跟抬起随之旋转；第七拍两脚同时逆时针旋转调整到右脚尖指向 1 点到 2 点之间（即正面 9 点位），第八拍保持一拍。9 点位左侧 90° 停步 + 上步 270° 转体是从侧面转到正面，如果在台前运用，则需要再加一个基础转体向后回行，如果在中台运用，则转体变为正面后继续向台前行走。

练习动作（9 点位左侧 90° 停步与上步转体综合练习）：

底台 9 点位造型准备（5×8 拍）

1234 拍：向台前行走四拍

5678 拍：中台左侧 90° 停步

2234 拍：上步 270° 转体（向 7 点方向上步第一拍）

5678 拍：向台前行走四拍

3234 拍：左侧 90° 停步

5678 拍：上步 90° 转体

4234 5678 拍：向底台回行八拍

5234 拍：底台 180° 停步回正

5678 拍：空四拍

（二）左侧 90° 停步 + 移重心 90° 转体（中台）+ 上步 180° 转体

9 点位左侧 90° 停步 + 移重心 90° 转体动作分解：左侧 90° 停步四拍后，第五拍左脚向前找 9 点方向落地，落地变为主力脚的同时左脚尖指向 10 点到 11 点之间；第七拍保持一拍；第八拍平移重心到右脚（即正面 9 点位）。9 点位左侧 90° 停步 + 移重心 90° 转体是从侧面转到正面，如果在台前运用，则需要再加一个基础转体向后回行，第八拍看情况而定；如果在中台运用，第一拍则直接迈左脚继续向台前行走。

9 点位台前向左侧 90° 停步 + 上步 180° 转体动作分解：左侧 90° 停步四拍后（停步时第一拍向右前 1 点方向迈出左脚），第五拍向 10 点方向迈出左脚；第六拍右脚向 6 点方向迈出，落地时右脚脚尖指向 4 点到 5 点之间并迅速将面部再转向 12 点，身体朝向 3 点；第七拍左脚做小幅度调整站姿或保持；第八拍保持一拍，向后回行的第一拍左脚向 6 点迈出的同时回头继续行走。

练习动作（9 点位左侧 90° 停步与移重心和上步转体综合练习）：

底台 9 点位造型准备（5×8 拍）

1234 拍：向台前行走四拍

5678 拍：中台左侧 90° 停步

2234 拍：移重心 90° 转体

5678 拍：向台前行走四拍

3234 拍：左侧 90° 停步

5678 拍：上步 180° 转体

4234 5678 拍：向底台回行八拍

5234 拍：底台 180° 停步回正

5678 拍：空四拍

（三）右侧 90° 停步 + 移重心 90 转体（中台）+ 上步 270° 转体

9 点位右侧 90° 停步 + 移重心 90° 转体动作分解：右侧 90° 停步四拍后，第五拍右脚向前找 3 点方向落地，落地变为主力脚的同时左脚尖指向 1 点到 2 点之间（即正面 9 点位）；第七拍、第八拍保持两拍。9 点位向右侧 90° 停步 + 移重心 90° 转体是从侧面转到正面，如果在台前运用，则需要再加一个基础转体向后回行，第八拍看情况而定；如果在中台运用，第一拍则直接迈左脚继续向台前行走。

9 点位右侧 90° 停步 + 上步 270° 转体动作分解：右侧 90° 停步四拍后，第五拍左脚向右前

1 点方向迈出；第六拍右脚向 9 点方向迈出；第七拍两脚同时逆时针旋转到右脚尖指向 7 点到 8 点之间；第八拍回头调整为背面 9 点位造型，向后回行的第一拍直接迈左脚行走。

练习动作（9 点位右侧 90°停步与移重心和上步转体综合练习）：

底台 9 点位造型准备（5×8 拍）

1234 拍：向台前行走四拍

5678 拍：中台右侧 90°停步

2234 拍：移重心 90°转体

5678 拍：向台前行走四拍

3234 拍：右侧 90°停步

5678 拍：上步 270°转体（向 1 点方向上步第一拍）

4234 5678 拍：向底台回行八拍

5234 拍：底台 180°停步回正

5678 拍：空四拍

- **教学重点**：加强 9 点位上步 180°的转体分解方法与要领，重点运用 9 点位上步 90°、移重心 90°、撤步转体，掌握不同角度的转体方法。
- **教学难点**：侧面时的造型应保持好 9 点位造型，切勿与 12 点位混淆混搭；两侧 90°转体后脚的朝向、身体朝向与面部朝向的层次；留头时间。

第三节　12 点位组合转体

组合转体由两个基础转体组成，在展示时通常比同一形式的基础转体多四拍，270°转体可以通过直接上步或移重心完成，也可根据情况运用组合转体完成，一般超过 270°的转体需要运用组合转体完成；大角度的转体是通过连续的同一个方向的转体来组成的，这里的角度指的是停步之后的方位与经过转体之后的方位之间的角度。

如果是不同方向与角度的转体，就是不同方向多种组合转体；建议组合时不超过两种，太多反而事倍功半。

一、12 点位 270°组合转体

270°组合转体指停步的方向与两次转体后的方向为同一方向（顺时针或逆时针），且角度总和为 270°。

（一）上步 90°与上步 180°组合

1. 直接停步 + 上步 90° + 上步 180°转体

2. 直接停步 + 上步 180° + 上步 90°转体

3. 180°停步 + 上步 180°转体 + 上步 90°转体

4. 180°停步 + 上步 90°转体 + 上步 180°转体

以上四个练习运用规律一致，可合成一个练习，以四拍衔接训练，也可以单独拿出一组动作来练习，单独练习时可前后行走八拍或更长。

练习动作（12 点位 270° 组合——上步 90° 与上步 180°）：

12 点位造型准备（7×8 拍 ×2）

1234 5678 拍：向台前行走八拍

2234 拍：直接停步四拍

5678 拍：先上步 90° 转体

3234 拍：再上步 180° 转体

5678 拍：向底台回行四拍

4234 拍：中台 180° 停步

5678 拍：向台前行走四拍

5234 拍：直接停步四拍

5678 拍：先上步 180° 转体

6234 拍：再上步 90° 转体

5678 拍：向底台回行四拍

7234 拍：中台 180° 停步

5678 拍：空四拍

1234 拍：向台前行走四拍

5678 拍：180° 停步四拍

2234 拍：先上步 180° 转体

5678 拍：再上步 90° 转体

3234 拍：向底台回行四拍

5678 拍：中台 180° 停步

4234 拍：向台前行走四拍

5678 拍：180° 停步四拍

5234 拍：先上步 90° 转体

5678 拍：再上步 180° 转体

6234 5678 拍：向底台回行八拍

7234 拍：底台 180° 停步

5678 拍：空四拍

（二）移重心与上步转体的 270° 组合

1. 左侧 90° 停步 + 移重心 90° 转体 + 上步 180° 转体

练习动作（12 点位 270° 组合——左侧 90° 停步 + 移重心 90° 转体 + 上步 180° 转体）：

底台 12 点位造型准备（4×8 拍）

1234 5678 拍：向台前行走八拍

2234 拍：左侧 90° 停步四拍

5678 拍：移重心 90° 转体

3234 拍：上步 180° 转体

5678 4234 拍：向底台回行八拍

5678 拍：底台 180° 停步回正

2. 左侧 90° 停步 + 移重心 180° 转体 + 上步 90° 转体

练习动作（12 点位 270° 组合——左侧 90° 停步 + 移重心 180° 转体 + 上步 90° 转体）：

底台 12 点位造型准备（4×8 拍）

1234 5678 拍：向台前行走八拍

2234 拍：左侧 90° 停步四拍

5678 拍：移重心 180° 转体

3234 拍：上步 90° 转体

5678 4234 拍：向底台回行八拍

5678 拍：底台 180° 停步回正

3. 右侧 90° 停步 + 移重心 90° 转体 + 上步 180° 转体

练习动作（12 点位 270° 组合——右侧 90° 停步 + 移重心 90° 转体 +
上步 180° 转体）：

底台 12 点位造型准备（4×8 拍）

1234 5678 拍：向台前行走八拍

2234 拍：右侧 90° 停步四拍

5678 拍：移重心 90° 转体

3234 拍：上步 180° 转体

5678 4234 拍：向底台回行八拍

5678 拍：底台 180° 停步回正

4. 右侧 90° 停步 + 移重心 180° 转体 + 上步 90° 转体

练习动作（12 点位 270° 组合——右侧 90° 停步 + 移重心 180° 转体 +
上步 90° 转体）：

底台 12 点位造型准备（4×8 拍）

1234 5678 拍：向台前行走八拍

2234 拍：右侧 90° 停步四拍

5678 拍：移重心 180° 转体

3234 拍：上步 90° 转体

5678 4234 拍：向底台回行八拍

5678 拍：底台 180° 停步回正

5. 直接停步 + 移重心 180° 转体 + 上步 90° 转体

练习动作（12 点位 270° 组合——直接停步 + 移重心 180° 转体 +
上步 90° 转体）：

底台 12 点位造型准备（4×8 拍）

1234 5678 拍：向台前行走八拍

2234 拍：直接停步四拍

5678 拍：移重心 180° 转体

3234 拍：上步 90° 转体

5678 4234 拍：向底台回行八拍

5678 拍：底台 180° 停步回正

二、12 点位 360° 组合转体

360° 转体根据停步时的方位不同，经过两次转体后，再回到停步时的方位，因此，如果在中台运用，或是设计有其他路线时，则直接正面停步。如在台前运用，则不能直接正面停步，在其他三个方向都可以停步，再进行后 360° 组合后能够回行。

（一）180° 的组合

1. 180° 停步 + 上步 180° 转体 + 直接半转体

练习动作（12 点位 360° 组合——180° 停步 + 上步 180° 转体 +
直接半转体）：

底台 12 点位造型准备（4×8 拍）

1234 5678 拍：向台前行走八拍

2234 拍：180° 停步四拍

5678 拍：上步 180° 转体 + 直接半转体（第八拍为直接半转体）

3234 5678 拍：向底台回行八拍

4234 拍：底台 180° 停步回正

5678 拍：空四拍

● **教学提示：** 直接半转体在台前停三拍，第四拍两脚同时向左侧旋转 90°，接着直接迈出左脚回行，在
回行的第二拍回头。这个转体一般在组合中运用，单独运用较为单调。

2. 180° 停步 + 移重心 180° 转体 + 上步 180° 转体

练习动作（12 点位 360° 组合——180° 停步 + 移重心 180° 转体 +
上步 180° 转体）：

底台 12 点位造型准备（4×8 拍）

1234 5678 拍：向台前行走八拍

2234 拍：180° 停步四拍

5678 拍：移重心 180° 转体

3234 拍：上步 180° 转体

5678 4234 拍：向底台回行八拍

5678 拍：底台 180° 停步回正

3. 左侧 90° 停步 + 上步 180° 转体 + 上步 180° 转体

练习动作（12 点位 360° 组合——左侧 90° 停步 + 上步 180° 转体 +
上步 180° 转体）：

底台 12 点位造型准备（4×8 拍）

1234 5678 拍：向台前行走八拍

2234 拍：左侧 90° 停步四拍

5678 拍：上步 180° 转体

3234 拍：上步 180° 转体

5678 4234 拍：向底台回行八拍

5678 拍：底台 180° 停步回正

4. 右侧 90° 停步 + 移重心 180° 转体 + 上步 180° 转体

练习动作（12 点位 360° 组合——右侧 90° 停步 + 移重心 180° 转体 +
上步 180° 转体）：

底台 12 点位造型准备（4×8 拍）

1234 5678 拍：向台前行走八拍

2234 拍：右侧 90° 停步四拍

5678 拍：移重心 180° 转体

3234 拍：上步 180° 转体

5678 4234 拍：向底台回行八拍

5678 拍：底台 180° 停步回正

（二）90°与270°的组合

1. 左侧90°停步＋上步270°转体＋上步90°转体

练习动作（12点位360°组合——左侧90°停步＋上步270°转体＋上步90°转体）：

底台12点位造型准备（4×8拍）

1234 5678拍：向台前行走八拍

2234拍：左侧90°停步四拍

5678拍：上步270°转体

3234拍：上步90°转体

5678 4234拍：向底台回行八拍

5678拍：底台180°停步回正

2. 右侧90°停步＋移重心90°转体＋上步270°转体

练习动作（12点位360°组合——右侧90°停步＋移重心90°转体＋上步270°转体）：

底台12点位造型准备（4×8拍）

1234 5678拍：向台前行走八拍

2234拍：右侧90°停步四拍

5678拍：移重心90°转体

3234拍：上步270°转体

5678 4234拍：向底台回行八拍

5678拍：底台180°停步回正

3. 左侧90°停步＋移重心90°转体＋上步270°转体

练习动作（12点位360°组合——左侧90°停步＋移重心90°转体＋上步270°转体）：

底台12点位造型准备（4×8拍）

1234 5678拍：向台前行走八拍

2234拍：左侧90°停步四拍

5678拍：移重心90°转体

3234拍：上步270°转体

5678 4234拍：向底台回行八拍

5678拍：底台180°停步回正

4. 右侧90°停步＋移重心270°转体＋上步90°转体

练习动作（12点位360°组合——右侧90°停步＋移重心270°转体＋上步90°转体）：

底台12点位造型准备（4×8拍）

1234 5678拍：向台前行走八拍

2234拍：右侧90°停步四拍

5678拍：移重心270°转体

3234拍：上步90°转体

5678 4234拍：向底台回行八拍

5678拍：底台180°停步回正

5. 左侧 90° 停步 + 移重心 270° 转体 + 上步 90° 转体

练习动作（12 点位 360° 组合——左侧 90° 停步 + 移重心 270° 转体 + 上步 90° 转体）：

底台 12 点位造型准备（4×8 拍）

1234 5678 拍：向台前行走八拍

2234 拍：左侧 90° 停步四拍

5678 拍：移重心 270° 转体

3234 拍：上步 90° 转体

5678 4234 拍：向底台回行八拍

5678 拍：底台 180° 停步回正

● **教学提示：** 除了以上 360° 的练习以外，还有一些理论上成立的组合一样可以运用，其组合运用规律是相通的。

三、12 点位不同方向组合转体

（一）直接停步

1. 直接停步 + 上步 90° 转体 + 移重心 180° 转体

练习动作（12 点位组合转体——直接停步 + 上步 90° 转体 + 移重心 180° 转体）：

底台 12 点位造型准备（4×8 拍）

1234 5678 拍：向台前行走八拍

2234 拍：直接停步四拍

5678 拍：上步 90° 转体

3234 拍：移重心 180° 转体

5678 4234 拍：向底台回行八拍

5678 拍：底台 180° 停步回正

2. 直接停步 + 上步 90° 转体 + 移重心 270° 转体

练习动作（12 点位组合转体——直接停步 + 上步 90° 转体 + 移重心 270° 转体）：

底台 12 点位造型准备（4×8 拍）

1234 5678 拍：向台前行走八拍

2234 拍：直接停步四拍

5678 拍：上步 90° 转体

3234 拍：移重心 270° 转体

5678 4234 拍：向底台回行八拍

5678 拍：底台 180° 停步回正

3. 直接停步 + 上步 180° 转体 + 移重心 90° 转体

练习动作（12 点位组合转体——直接停步 + 上步 180° 转体 + 移重心 90° 转体）：

底台 12 点位造型准备（4×8 拍）

1234 5678 拍：向台前行走八拍

2234 拍：直接停步四拍

5678 拍：上步 180° 转体

3234 拍：移重心 90° 转体

5678 4234 拍：向底台回行八拍

5678 拍：底台 180° 停步回正

4. 直接停步 + 上步 180° 转体 + 移重心 270° 转体

练习动作（12 点位组合转体——直接停步 + 上步 180° 转体 + 移重心 270° 转体）：

底台 12 点位造型准备（4×8 拍）

1234 5678 拍：向台前行走八拍

2234 拍：直接停步四拍

5678 拍：上步 180° 转体

3234 拍：移重心 270° 转体

5678 4234 拍：向底台回行八拍

5678 拍：底台 180° 停步回正

5. 直接停步 + 移重心 90° 转体 + 移重心 180° 转体

练习动作（12 点位组合转体——直接停步 + 移重心 90° 转体 + 移重心 180° 转体）：

底台 12 点位造型准备（4×8 拍）

1234 5678 拍：向台前行走八拍

2234 拍：直接停步四拍

5678 拍：移重心 90° 转体

3234 拍：移重心 180° 转体

5678 4234 拍：向底台回行八拍

5678 拍：底台 180° 停步回正

6. 直接停步 + 移重心 90° 转体 + 移重心 270° 转体

练习动作（12 点位组合转体——直接停步 + 移重心 90° 转体 + 移重心 270° 转体）：

底台 12 点位造型准备（4×8 拍）

1234 5678 拍：向台前行走八拍

2234 拍：直接停步四拍

5678 拍：移重心 90° 转体

3234 拍：移重心 270° 转体

5678 4234 拍：向底台回行八拍

5678 拍：底台 180° 停步回正

7. 直接停步 + 移重心 180° 转体 + 移重心 90° 转体

练习动作（12 点位组合转体——直接停步 + 移重心 180° 转体 + 移重心 90° 转体）：

底台 12 点位造型准备（4×8 拍）

1234 5678 拍：向台前行走八拍

2234 拍：直接停步四拍

5678 拍：移重心 180° 转体

3234 拍：移重心 90° 转体

5678 4234 拍：向底台回行八拍

5678 拍：底台 180° 停步回正

8. 直接停步 + 移重心 180° 转体 + 移重心 270° 转体

练习动作（12 点位组合转体——直接停步 + 移重心 180° 转体 + 移重心 270° 转体）：

　　底台 12 点位造型准备（4×8 拍）

　　1234 5678 拍：向台前行走八拍

　　2234 拍：直接停步四拍

　　5678 拍：移重心 180° 转体

　　3234 拍：移重心 270° 转体

　　5678 4234 拍：向底台回行八拍

　　5678 拍：底台 180° 停步回正

（二）180° 停步

1. 180° 停步 + 上步 180° 转体 + 移重心 90° 转体

练习动作（12 点位组合转体——180° 停步 + 上步 180° 转体 + 移重心 90° 转体）：

　　底台 12 点位造型准备（4×8 拍）

　　1234 5678 拍：向台前行走八拍

　　2234 拍：180° 停步四拍

　　5678 拍：上步 180° 转体

　　3234 拍：移重心 90° 转体

　　5678 4234 拍：向底台回行八拍

　　5678 拍：底台 180° 停步回正

2. 180° 停步 + 上步 180° 转体 + 移重心 180° 转体

练习动作（12 点位组合转体——180° 停步 + 上步 180° 转体 + 移重心 180° 转体）：

　　底台 12 点位造型准备（4×8 拍）

　　1234 5678 拍：向台前行走八拍

　　2234 拍：180° 停步四拍

　　5678 拍：上步 180° 转体

　　3234 拍：移重心 180° 转体

　　5678 4234 拍：向底台回行八拍

　　5678 拍：底台 180° 停步回正

3. 180° 停步 + 上步 270° 转体 + 移重心 180° 转体

练习动作（12 点位组合转体——180° 停步 + 上步 270° 转体 + 移重心 180° 转体）：

　　底台 12 点位造型准备（4×8 拍）

　　1234 5678 拍：向台前行走八拍

　　2234 拍：180° 停步四拍

　　5678 拍：上步 270° 转体

　　3234 拍：移重心 180° 转体

　　5678 4234 拍：向底台回行八拍

　　5678 拍：底台 180° 停步回正

4. 180°停步 + 上步270°转体 + 移重心270°转体

练习动作（12点位组合转体——180°停步 + 上步270°转体 + 移重心270°转体）：

底台12点位造型准备（4×8拍）

1234 5678拍：向台前行走八拍

2234拍：180°停步四拍

5678拍：上步270°转体

3234拍：移重心270°转体

5678 4234拍：向底台回行八拍

5678拍：底台180°停步回正

5. 180°停步 + 移重心270°转体 + 移重心180°转体

练习动作（12点位组合转体——180°停步 + 移重心270°转体 + 移重心180°转体）：

底台12点位造型准备（4×8拍）

1234 5678拍：向台前行走八拍

2234拍：180°停步四拍

5678拍：移重心270°转体

3234拍：移重心180°转体

5678 4234拍：向底台回行八拍

5678拍：底台180°停步回正

6. 180°停步 + 移重心270°转体 + 移重心270°转体

练习动作（12点位组合转体——180°停步 + 移重心270°转体 + 移重心270°转体）：

底台12点位造型准备（4×8拍）

1234 5678拍：向台前行走八拍

2234拍：180°停步四拍

5678拍：移重心270°转体

3234拍：移重心270°转体

5678 4234拍：向底台回行八拍

5678拍：底台180°停步回正

（三）左右两侧对称练习的组合转体

两侧停步时，均可以先做移重心的转体，再运用其他转体方式进行展示，以下十个练习可分为五组对称造型，1、2为一组；3、4为一组；5、6为一组；7、8为一组；9、10为一组。在训练时先单独练习每一组动作，再两人一组分不同方向练习，需要注意的是，对称造型在回头与转体的具体节拍要分别对待。

1. 左侧90°停步 + 移重心90°转体 + 直接半转体

练习动作（12点位组合转体——左侧90°停步 + 移重心90°转体 + 直接半转体）：

底台12点位造型准备（4×8拍）

1234 5678拍：向台前行走八拍

2234拍：左侧90°停步四拍

5678拍：移重心90°转体 + 直接半转体（第七拍直接半转体、第八拍撤右脚）

3234 5678 拍：向底台回行八拍

4234 拍：底台 180° 停步回正

5678 拍：空四拍

2. 右侧 90° 停步 + 移重心 90° 转体 + 直接半转体

练习动作（12 点位组合转体——右侧 90° 停步 + 移重心 90° 转体 +
直接半转体）：

底台 12 点位造型准备（4×8 拍）

1234 5678 拍：向台前行走八拍

2234 拍：右侧 90° 停步四拍

5678 拍：移重心 90° 转体 + 直接半转体（第八拍直接半转体）

3234 5678 拍：向底台回行八拍

4234 拍：底台 180° 停步回正

5678 拍：空四拍

3. 左侧 90° 停步 + 移重心 90° 转体 + 上步 90° 转体（组合 180°）

练习动作（12 点位组合转体——左侧 90° 停步 + 移重心 90° 转体 +
上步 90° 转体）：

底台 12 点位造型准备（4×8 拍）

1234 5678 拍：向台前行走八拍

2234 拍：左侧 90° 停步四拍

5678 拍：移重心 90° 转体

3234 拍：上步 90° 转体

5678 4234 拍：向底台回行八拍

5678 拍：底台 180° 停步回正

4. 右侧 90° 停步 + 移重心 90° 转体 + 上步 90° 转体（组合 180°）

练习动作（12 点位组合转体——右侧 90° 停步 + 移重心 90° 转体 +
上步 90° 转体）：

底台 12 点位造型准备（4×8 拍）

1234 5678 拍：向台前行走八拍

2234 拍：右侧 90° 停步四拍

5678 拍：移重心 90° 转体

3234 拍：上步 90° 转体

5678 4234 拍：向底台回行八拍

5678 拍：底台 180° 停步回正

5. 左侧 90° 停步 + 移重心 90° 转体 + 移重心 180° 转体

练习动作（12 点位组合转体——左侧 90° 停步 + 移重心 90° 转体 +
移重心 180° 转体）：

底台 12 点位造型准备（4×8 拍）

1234 5678 拍：向台前行走八拍

2234 拍：左侧 90° 停步四拍

5678 拍：移重心 90° 转体

3234 拍：移重心 180° 转体

5678 4234 拍：向底台回行八拍

5678 拍：底台 180° 停步回正

6. 右侧 90° 停步 + 移重心 90° 转体 + 移重心 180° 转体

练习动作（12 点位组合转体——右侧 90° 停步 + 移重心 90° 转体 + 移重心 180° 转体）：

底台 12 点位造型准备（4×8 拍）

1234 5678 拍：向台前行走八拍

2234 拍：右侧 90° 停步四拍

5678 拍：移重心 90° 转体

3234 拍：移重心 180° 转体

5678 4234 拍：向底台回行八拍

5678 拍：底台 180° 停步回正

7. 左侧 90° 停步 + 移重心 180° 转体 + 移重心 270° 转体

练习动作（12 点位组合转体——左侧 90° 停步 + 移重心 180° 转体 + 移重心 270° 转体）：

底台 12 点位造型准备（4×8 拍）

1234 5678 拍：向台前行走八拍

2234 拍：左侧 90° 停步四拍

5678 拍：移重心 180° 转体

3234 拍：移重心 270° 转体

5678 4234 拍：向底台回行八拍

5678 拍：底台 180° 停步回正

8. 右侧 90° 停步 + 移重心 180° 转体 + 移重心 270° 转体

练习动作（12 点位组合转体——右侧 90° 停步 + 移重心 180° 转体 + 移重心 270° 转体）：

底台 12 点位造型准备（4×8 拍）

1234 5678 拍：向台前行走八拍

2234 拍：右侧 90° 停步四拍

5678 拍：移重心 180° 转体

3234 拍：移重心 270° 转体

5678 4234 拍：向底台回行八拍

5678 拍：底台 180° 停步回正

9. 左侧 90° 停步 + 移重心 270° 转体 + 移重心 90° 转体

练习动作（12 点位组合转体——左侧 90° 停步 + 移重心 270° 转体 + 移重心 90° 转体）：

底台 12 点位造型准备（4×8 拍）

1234 5678 拍：向台前行走八拍

2234 拍：左侧 90° 停步四拍

5678 拍：移重心 270° 转体

3234 拍：移重心 90° 转体

5678 4234 拍：向底台回行八拍

5678 拍：底台 180° 停步回正

10. 右侧 90° 停步 + 移重心 270° 转体 + 移重心 90° 转体

练习动作（12 点位组合转体——右侧 90° 停步 + 移重心 270° 转体 +

移重心 90° 转体）：

底台 12 点位造型准备（4×8 拍）

1234 5678 拍：向台前行走八拍

2234 拍：右侧 90° 停步四拍

5678 拍：移重心 270° 转体

3234 拍：移重心 90° 转体

5678 4234 拍：向底台回行八拍

5678 拍：底台 180° 停步回正

（四）左侧 90° 停步与上步和移重心的组合

两侧停步时的不同方向组合转体仅在左侧停步时第一拍进行上步转体较合适，右侧停步时因重心转换，理论上也可以进行上步基础的转体，但如果在接一个组合时，实际运用中容易导致学生节奏混乱。

1. 左侧 90° 停步 + 上步 270° 转体 + 移重心 90° 转体

练习动作（12 点位组合转体——左侧 90° 停步 + 上步 270° 转体 +

移重心 90° 转体）：

底台 12 点位造型准备（4×8 拍）

1234 5678 拍：向台前行走八拍

2234 拍：左侧 90° 停步四拍

5678 拍：上步 270° 转体

3234 拍：移重心 90° 转体

5678 4234 拍：向底台回行八拍

5678 拍：底台 180° 停步回正

2. 左侧 90° 停步 + 上步 270° 转体 + 移重心 180° 转体

练习动作（12 点位组合转体——左侧 90° 停步 + 上步 270° 转体 +

移重心 180° 转体）：

底台 12 点位造型准备（4×8 拍）

1234 5678 拍：向台前行走八拍

2234 拍：左侧 90° 停步四拍

5678 拍：上步 270° 转体

3234 拍：移重心 180° 转体

5678 4234 拍：向底台走八拍

5678 拍：底台 180° 停步回正

- **教学提示**：不同方向多种组合转体一般最多是两种组合，在展示中不是顺着一个方向旋转，比同一个方向的大角度转体展示效果更好，可根据服装款式等不同来运用。
- **教学重点**：基础转体的灵活运用，在不同方位呈现不同的造型，组合动作要流畅。
- **教学难度**：相似的组合容易混淆，要区分不同情况下的留头节拍和身体朝向等细节。

第四节　9 点位组合转体

9 点位造型本身就是一种时尚休闲的造型，以右脚作为基础主力脚为例；也可以没有明显的主力脚，两腿同时承重。其动作变化相对于 12 点位造型较少，节拍比 12 点位造型时的行走速度以及转体速度更快更大气。

一、9 点位 270° 组合转体

以下五个练习中，练习 1 ~ 4 所运用的规律一致，可选择性练习正面直接停步后与 180° 停步后的转体各选一项，比如练习 1、4、5 或 2、3、5。

1. 直接停步 + 上步 180° + 上步 90° 转体

练习动作（9 点位 270° 组合——直接停步 + 上步 180° + 上步 90° 转体）：

底台 9 点位造型准备（4×8 拍）

1234 5678 拍：向台前行走八拍

2234 拍：直接停步四拍

5678 拍：上步 180° 转体

3234 拍：上步 90° 转体

5678 4234 拍：向底台回行八拍

5678 拍：底台 180° 停步回正

2. 直接停步 + 上步 90° + 上步 180° 转体

练习动作（9 点位 270° 组合——直接停步 + 上步 90° + 上步 180° 转体）：

底台 9 点位造型准备（4×8 拍）

1234 5678 拍：向台前行走八拍

2234 拍：直接停步四拍

5678 拍：上步 90° 转体

3234 拍：上步 180° 转体

5678 4234 拍：向底台回行八拍

5678 拍：底台 180° 停步回正

3. 180° 停步 + 上步 180° 转体 + 上步 90° 转体

练习动作（9 点位 270° 组合——180° 停步 + 上步 180° 转体 + 上步 90° 转体）：

底台 9 点位造型准备（4×8 拍）

1234 5678 拍：向台前行走八拍

2234 拍：180° 停步四拍

5678 拍：上步 180° 转体

3234 拍：上步 90° 转体

5678 4234 拍：向底台回行八拍

5678 拍：底台 180° 停步回正

4. 180° 停步 + 上步 90° 转体 + 上步 180° 转体

练习动作（9 点位 270° 组合——180° 停步 + 上步 90° 转体 +
上步 180° 转体）：

底台 9 点位造型准备（4×8 拍）

1234 5678 拍：向台前行走八拍

2234 拍：180° 停步四拍

5678 拍：上步 90° 转体

3234 拍：上步 180° 转体

5678 4234 拍：向底台回行八拍

5678 拍：底台 180° 停步回正

5. 右侧 90° 停步 + 移重心 90° 转体 + 上步 180° 转体

练习动作（9 点位 270° 组合——右侧 90° 停步 + 移重心 90° 转体 +
上步 180° 转体）：

底台 9 点位造型准备（4×8 拍）

1234 5678 拍：向台前行走八拍

2234 拍：右侧 90° 停步四拍

5678 拍：移重心 90° 转体

3234 拍：上步 180° 转体

5678 4234 拍：向底台回行八拍

5678 拍：底台 180° 停步回正

二、9 点位 360° 组合转体

9 点位 360° 组合转体与 12 点位 360° 组合在原理上一致，但 9 点位的角度较少，有一部分转体适合 12 点位的造型，但不适合 9 点位造型。

1. 180° 停步 + 上步 180° 转体 + 直接半转体

练习动作（9 点位 360° 组合——180° 停步 + 上步 180° 转体 +
直接半转体）：

底台 9 点位造型准备（4×8 拍）

1234 5678 拍：向台前行走八拍

2234 拍：180° 停步四拍

5678 拍：上步 180° 转体 + 直接半转体（第八拍为直接半转体）

3234 5678 拍：向底台回行八拍

4234 拍：底台 180° 停步回正

5678 拍：空四拍

2. 180° 停步 + 上步 90° 转体 + 上步 270° 转体

练习动作（9 点位 360° 组合——180° 停步 + 上步 90° 转体 + 上步
270° 转体）：

底台 9 点位造型准备（4×8 拍）

1234 5678 拍：向台前行走八拍

2234 拍：180° 停步四拍

5678 拍：上步 90° 转体

3234 拍：上步 270° 转体（向 1 点方向上步第一拍）

5678 4234 拍：向底台回行八拍

5678 拍：底台 180° 停步回正

3. 左侧 90° 停步 + 上步 180° 转体 + 上步 180° 转体

练习动作（9 点位 360° 组合——左侧 90° 停步 + 上步 180° 转体 +
上步 180° 转体）：

底台 9 点位造型准备（4×8 拍）

1234 5678 拍：向台前行走八拍

2234 拍：左侧 90° 停步四拍

5678 拍：上步 180° 转体

3234 拍：上步 180° 转体

5678 4234 拍：向底台回行八拍

5678 拍：底台 180° 停步回正

4. 左侧 90° 停步 + 上步 270° 转体 + 上步 90° 转体

练习动作（9 点位 360° 组合——左侧 90° 停步 + 上步 270° 转体 +
上步 90° 转体）：

底台 9 点位造型准备（4×8 拍）

1234 5678 拍：向台前行走八拍

2234 拍：左侧 90° 停步四拍

5678 拍：上步 270° 转体（向 7 点方向上步第一拍）

3234 拍：上步 90° 转体

5678 4234 拍：向底台回行八拍

5678 拍：底台 180° 停步回正

5. 右侧 90° 停步 + 上步 270° 转体 + 上步 90° 转体

练习动作（9 点位 360° 组合——右侧 90° 停步 + 上步 270° 转体 +
上步 90° 转体）：

底台 9 点位造型准备（4×8 拍）

1234 5678 拍：向台前行走八拍

2234 拍：右侧 90° 停步四拍

5678 拍：上步 270° 转体（向 1 点方向上步第一拍）

3234 拍：上步 90° 转体

5678 4234 拍：向底台回行八拍

5678 拍：底台 180° 停步回正

三、9 点位不同方向组合转体

以下练习中练习 1、2 规律一致；练习 3、4 规律一致；可对称练习或分组分不同方向练习。

1. 直接停步 + 上步 180° 转体 + 移重心 90° 转体

练习动作（9 点位组合转体——直接停步 + 上步 180° 转体 + 移重心 90
度转体）：

底台 9 点位造型准备（4×8 拍）

1234 5678 拍：向台前行走八拍

2234 拍：直接停步四拍

5678 拍：上步 180° 转体

3234 拍：移重心 90° 转体

5678 4234 拍：向底台回行八拍

5678 拍：底台 180° 停步回正

2. 180° 停步 + 上步 180° 转体 + 移重心 90° 转体

练习动作（9 点位组合转体——180° 停步 + 上步 180° 转体 + 移重心 90° 转体）：

底台 9 点位造型准备（4×8 拍）

1234 5678 拍：向台前行走八拍

2234 拍：180° 停步四拍

5678 拍：上步 180° 转体

3234 拍：移重心 90° 转体

5678 4234 拍：向底台回行八拍

5678 拍：底台 180° 停步回正

3. 左侧 90° 停步 + 移重心 90° 转体 + 撤一步转体

练习动作（9 点位组合转体——左侧 90° 停步 + 移重心 90° 转体 + 撤一步转体）：

底台 9 点位造型准备（4×8 拍）

1234 5678 拍：向台前行走八拍

2234 拍：左侧 90° 停步

5678 拍：移重心 90° 转体 + 撤一步转体（第八拍撤右脚）

3234 5678 拍：向底台回行八拍

4234 拍：底台 180° 停步回正

5678 拍：空四拍

4. 右侧 90° 停步 + 移重心 90° 转体 + 撤一步转体

练习动作（9 点位组合转体——右侧 90° 停步 + 移重心 90° 转体 + 撤一步转体）：

底台 9 点位造型准备（4×8 拍）

1234 5678 拍：向台前行走八拍

2234 拍：右侧 90° 停步

5678 拍：移重心 90° 转体

3234 5678 拍：撤一步转体（第一拍撤左脚）向底台回行八拍

4234 拍：底台 180° 停步回正

5678 拍：空四拍

5. 右侧 90° 停步 + 移重心 90° 转体 + 移重心 90° 转体（仅在 90° 内展示）

练习动作（9 点位组合转体——右侧 90° 停步 + 移重心 90° 转体 + 移重心 90° 转体）：

底台 9 点位造型准备（4×8 拍）

1234 5678 拍：向台前行走八拍

2234 拍：右侧 90° 停步四拍

5678 拍：移重心 90° 转体

3234 拍：再移重心 90° 转体回到停步造型

5678 4234 拍：向底台回行八拍

5678 拍：底台 180° 停步回正

6. 左侧 90° 停步 + 上步 270° 转体 + 移重心 90° 转体

练习动作（9 点位组合转体——左侧 90° 停步 + 上步 270° 转体 +

移重心 90° 转体）：

底台 9 点位造型准备（4×8 拍）

1234 5678 拍：向台前行走八拍

2234 拍：左侧 90° 停步四拍

5678 拍：上步 270° 转体

3234 拍：移重心 90° 转体

5678 4234 拍：向底台回行八拍

5678 拍：底台 180° 停步回正

7. 右侧 90° 停步 + 移重心 90° 转体 + 上步 90° 转体（组合 180°）

练习动作（9 点位组合转体——右侧 90° 停步 + 移重心 90° 转体 +

上步 90° 转体）：

底台 9 点位造型准备（4×8 拍）

1234 5678 拍：向台前行走八拍

2234 拍：右侧 90° 停步四拍

5678 拍：移重心 90° 转体

3234 拍：上步 90° 转体

5678 4234 拍：向底台回行八拍

5678 拍：底台 180° 停步回正

8. 180° 停步 + 上步 180° 转体 + 撤两步转体

练习动作（9 点位组合转体——180° 停步 + 上步 180° 转体 + 撤两步转体）：

底台 9 点位造型准备（4×8 拍）

1234 5678 拍：向台前行走八拍

2234 拍：180° 停步四拍

5678 拍：上步 180° 转体

3234 5678 拍：撤两步转体 + 回行共八拍

4234 拍：底台 180° 停步回正

5678 拍：空四拍

- **教学重点：**要了解不同角度的规律性以及面部朝向的镜头意识。
- **教学难点：**组合转体要求动作流畅，区分同一方向的大角度转体与不同方向的转体组合。针对不同的服装灵活运用。

第五节　综合路线转体

运用路线转体练习可增强学生的创编思维，增加课堂的趣味性，强化动作记忆并培养灵活运用的能力。以前后行走八拍，左右行走四拍为例，在训练时可根据场地大小或舞台形状调整步数，还可以选择转体方式以及适时调整。

一、U 形路线练习

U 形路线练习主要是针对不同停步方位中的 90° 转体运用，使学生了解，同样的名称，在不同的方位中其脚位朝向、身体朝向、留头时机的变化；9 点位与 12 点位造型均可练习，但要注意的是，每个点位统一，切忌 12 点位转体与 9 点位转体掺杂起来运用。U 形路线练习还可在其他转体中灵活运用，在一个点通过停步和转体后，自由脚脚尖指向要行走的方向一侧。

（一）上步 90°　U 形路线练习——从右向左路线练习（图 4-1）
底台起点造型准备（5×8 拍）
1234 5678 拍：向台前走八拍
2234 拍：❶点直接停步四拍
5678 拍：上步 90° 转体
3234 拍：向 9 点方向走四拍（横向）
5678 拍：❷点左侧 90° 停步（背面）
4234 拍：上步 90° 转体
5678 5234 拍：向底台回行八拍
5678 拍：底台 180° 停步

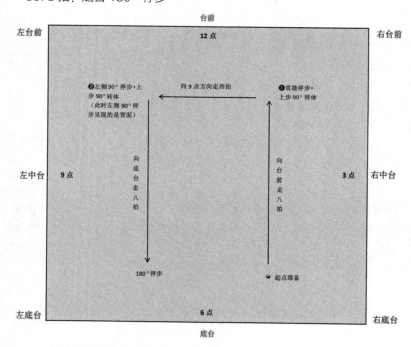

图 4-1 上步 90°U 形路线练习示意图——从右向左

（二）上步 90°　U 形路线练习——从左向右路线练习（图 4-2）
底台起点造型准备（5×8 拍）
1234 5678 拍：向台前走八拍

2234 拍：❶点 180° 停步四拍

5678 拍：上步 90° 转体

3234 拍：向 3 点方向走四拍（横向）

5678 拍：❷点左侧 90° 停步（正面）

4234 拍：上步 90° 转体

5678 5234 拍：向底台回行八拍

5678 拍：底台 180° 停步

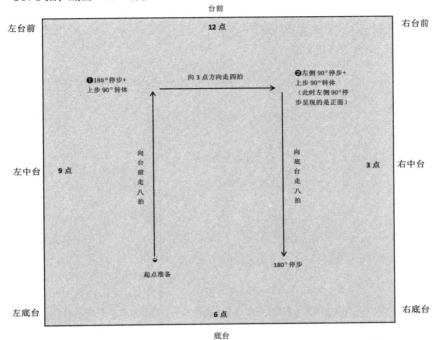

图 4-2　上步 90° U 形路线练习示意图——从左向右

（三）移重心 90° 与上步 90°　U 形路线练习——从右向左路线练习（图 4-3）

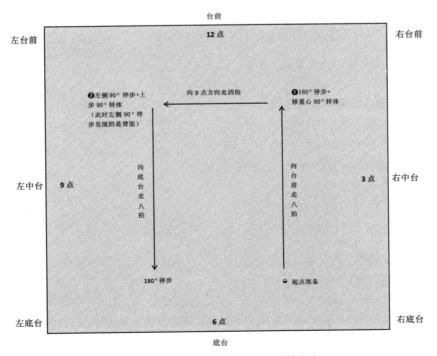

图 4-3 移重心 90° 与上步 90°　U 形路线练习示意图——从右向左

底台起点造型准备（5×8 拍）

1234 5678 拍：向台前走八拍

2234 拍：❶点 180° 停步四拍

5678 拍：移重心 90° 转体

3234 拍：向 9 点方向走四拍（横向）

5678 拍：❷点左侧 90° 停步（背面）

4234 拍：上步 90° 转体

5678 5234 拍：向底台回行八拍

5678 拍：底台 180° 停步

（四）移重心 90° 与上步 90° U 形路线练习——从左向右路线练习（图 4-4）

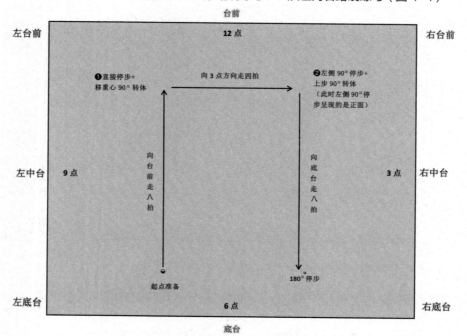

图 4-4 移重心 90° 与上步 90° U 形路线练习示意图——从左向右

底台起点造型准备（5×8 拍）

1234 5678 拍：向台前走八拍

2234 拍：❶点直接停步四拍

5678 拍：移重心 90° 转体

3234 拍：向 3 点方向走四拍（横向）

5678 拍：❷点左侧 90° 停步（正面）

4234 拍：上步 90° 转体

5678 5234 拍：向底台回行八拍

5678 拍：底台 180° 停步

（五）U 形路线分向练习

第一遍（边去中回）：

学生分两组，第一组站在底台右侧起点，第二组站在底台左侧起点，一起向台前行走八拍，在❶点停步展示不同的方位（正面或背面），同时转体，再向台前相对而行（根据场地大小决定走两拍或是四拍）；在❷点仍然停步展示不同的方位（正面或背面），同时转体，向底台行走八拍，180° 停步（图 4-5）。

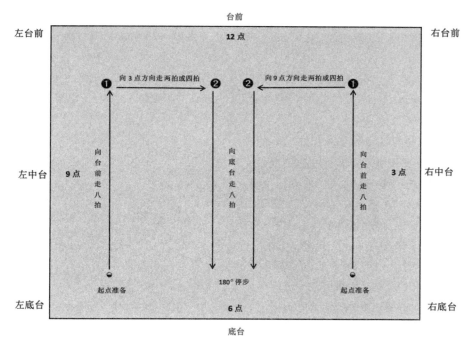

图 4-5 U 形路线分向练习示意图——边去中回

第二遍（中去边回）：

第一遍回行后在底台停步造型，此时第一组站在底台中部偏右侧，第二组站在底台中部偏左侧，两组同时向台前行走八拍，在❶点停步展示不同的方位（正面或背面），同时转体，再向台前相背而行（根据场地大小决定走两拍或是四拍）；在❷点仍然停步展示不同的方位（正面或背面），同时转体，向底台行走八拍，180° 停步（图 4-6），回到第一遍的起点，依次反复练习，两遍顺序可交换。

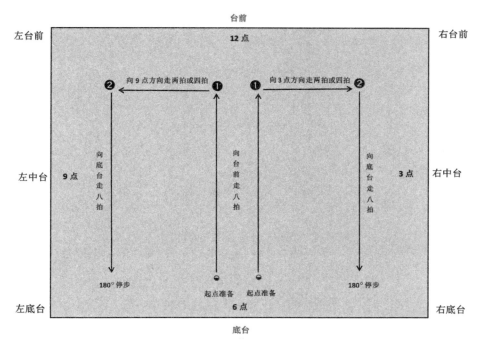

图 4-6 U 形路线分向练习示意图——中去边回

二、上步 180° 四角方位练习

　　四角方位练习主要是针对左侧 90° 停步 + 上步 180° 转体的不同方位练习，每个点的转体相同，但是由于行走方向不同，呈现出不同的效果。应使学生了解，同样的名称，在不同的方位中，其脚位朝向、身体朝向、留头时机都不同。9 点位与 12 点位造型均可练习，但要注意的是，每个点位统一，切忌 12 点位转体与 9 点位转体掺杂起来运用，在练习中可根据场地大小决定前后左右走多少拍。

　　路线练习（图 4-7）：

　　底台左侧起点准备（7×8 拍）

　　1234 5678 拍：向❶点台前走八拍

　　2234 拍：❶点左侧 90° 停步

　　5678 拍：上步 180° 转体（从左转右）

　　3234 拍：向❷点走四拍

　　5678 拍：❷左侧 90° 停步（正面）

　　4234 拍：上步 180° 转体（从前转后）

　　5678 5234 拍：向❸点走八拍

　　5678 拍：❸点左侧 90° 停步

　　6234 拍：上步 180° 转体（从右转左）

　　5678 拍：向❹点走四拍

　　7234 拍：❹点左侧 90° 停步

　　5678 拍：上步 180° 转体（从后转前）

　　依次反复练习

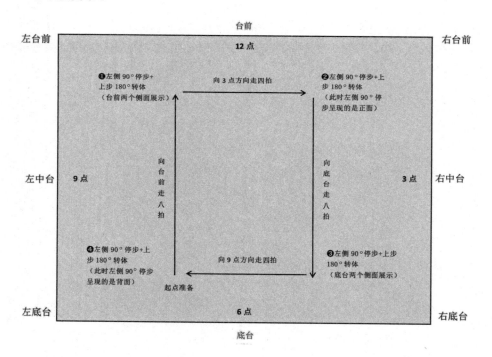

图 4-7　上步 180° 四角方位练习示意图

三、倒 T 形、十字形路线练习

倒 T 形路线（图 4-8）主要是针对台前横向练习的加强，台前四个定点造型，运用不同的转体形成倒 T 形路线；十字形路线（图 4-9）与倒 T 形相似，主要是针对中台横向练习的加强，中台四个定点造型，台前一个定点；在课堂中可根据所学停步和转体灵活运用，以 12 点位和 9 点位基础转体为例进行运用。

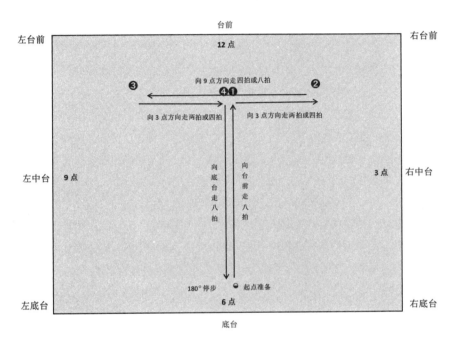

图 4-8　倒 T 形路线练习示意图

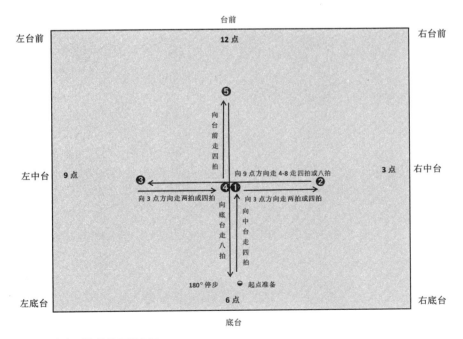

图 4-9　十字形路线练习示意图

　　转体时，通常先转脚的方位，再转身体的主要方向，最后转头部和肩部，这样的动作可以理解为把面部及眼神更多地留给观众，又称"留头"动作。留头动作不仅具有层次感，而且增加了模特与观众的交流时间，给观众留下深刻的印象。每一个转体动作的留头节拍又有所不同，确定留头的时机与节拍的关键点是看模特最后转体向底台方向走的时间是以哪种方位决定，同样的转体，在不同的停步方位与组合运用中，最后给观众的方位又存在不同，因此确定转体时机看最后的方向。如果最后的方向为两侧90°，那么在向后走的第二拍转头，如果最后的方向为背面，则在向后走的前一拍转头。还有连续上步180°时，在正面转向背面的时候需要有留头，而再次由背面转向正面的时候不需要留头。

　　服装表演虽然风格多样，各种动作造型呈现出不同的特征，但百变不离基础，明确停步方位及转体角度具有强化服装表演的准确性和规范性。在准确规范的前提下，再强调艺术性，实现造型、转体动作与艺术的完美融合，并将台步、节奏、形象等艺术美感充分展现出来。

| 第五章 |

造型

　　模特的动作姿态既要有利于表现服饰，又要有助于形成优美的造型。加拿大著名时装评论家斯多查说："时装是通过梦想来推销的。"时装摄影是造成这些梦境的原因和反映这些梦境的镜子。为达成这个目的，时装摄影必须打动人心。时装摄影的功能是展现时装和模特的魅力，摄影作品想要达到更好的效果就需要模特的配合，运用姿态造型衬托人物。

第一节　叉腰造型的运用

　　很多人选择造型时首选叉腰造型，在服装表演中，叉腰造型需要一定的展示技巧和能力去完成。

一、叉腰造型形式

　　叉腰是一种较为女性化的姿态，男模特运用较少。按手型与腰部结合的不同姿态分为五种形式的叉腰造型，包括：正手直腕叉腰、正手软叉腰、手托腰、握拳抵腰、反手叉腰。

　　正手直腕叉腰时，大拇指朝后，与四指分开，四指朝前，自然地微分开，虎口向上，手腕关节伸直，不压手腕，这种造型即为正手直腕叉腰，在服装表演中运用较少，可以在表现硬朗刚毅风格时运用；在正手直腕叉腰基础上手腕下压为弯折状态，这种造型即为正手软叉腰，是较常见的叉腰方式（图5-1）；手托腰是在正手软叉腰基础上将大拇指与四指并拢成同一个方向，五指与手掌"托"在胯

图 5-1　正手软叉腰

部上方，掌心放空成立体造型；握拳抵腰时，手型成半握拳状，四指回折，正手方位，拳面与大拇指抵住胯部上方的位置（图 5-2）；或者手腕内折，手指自然打开放松，用手背抵住胯部上方的位置，这种造型配合不同的表情可表现俏皮或嬉皮，也可表现干练与独立（图 5-3）；反手叉腰与正手软叉腰相反，五指与虎口均指向下方，这种造型常用于裙装或礼服展示（图 5-4）。

做任何叉腰动作时，模特都要保持双肩的基本对称与放松，在平面造型时可以根据风格调整肩部；叉腰的时候，手的落点在胯部的上方，而不是在髋关节处。按照正常的形体比例，将手掌展开，中指对着肚脐位置，双手向两侧平移，然后落在胯部上方的腰臀部位。要注意的是叉腰时的手臂与躯干形成的三角形不与身体呈同一平面，在视觉上增加立体感的方法是叉腰时肘关节略微向后压 15 ～ 20°，这样手臂与身体的立体面以及胸肩部打开的轮廓都能显现，在静态展示叉腰时肘关节还可以向前内收 10 ～ 15°，形成凹凸有致的体态造型，但在动态展示中运用较少。

二、叉腰造型的优势

模特是服装表演的载体，通过服装表演更好地展示服装、展示自我。模特的造型和动作为服装服务，比如叉腰、扶胯、转身等，都是为了更好地体现模特的美感，突出服装的设计特色。

为了体现服装的腰身，模特往往会运用叉腰造型强调腰部曲线。但并不是所有服装都适合叉腰造型，有时叉腰造型会破坏服装的款式或廓形，比如 A 形、H 形或 O 形服装，以及面料较硬的特殊材质服装，就不适合叉腰造型。

从视觉上来看，叉腰造型不仅可以增强画面的折线感，避免姿态呆板单一，还可以拉长身材比例，比如在服装没有收腰感觉也没有腰部设计，上下身比例难以划分时，可以通过叉腰的造型动作来拉长模特的下身比例，增强曲线感。

三、叉腰与动态表演配合运用的方法（以正手软叉腰为例）

（一）台前单手叉腰

模特自然摆臂行走，台前停步造型时的第一拍单手叉腰，运用能够展现侧面叉腰造型的转体方式，如果台前右手叉腰，需要通过向左的转体来展现造型特点，以右腿作为主力腿为例，直接停步时，向左的转体为上步 90°、上步 180° 和直接半转体；相反，如果台前左手叉腰，需要通过向右的转体来展现造型特点，正面直接停步时，向右的转体为移重心 90° 和移重心 180°。如果是 180° 停步，那么方向与正面停步又相反，因此需要在不同的情况下灵活运用。

（二）单手叉腰行走与台前双手叉腰

模特单手叉腰行走时要注意肩部的左右对称，台前停步时第一拍另一侧手臂叉腰，呈现为双手叉腰造型，在转体时依次在节拍中放下叉腰的手臂，应先放下行走时叉腰时间较长的一侧手臂，再通过 3 ～ 5 拍放下另一侧手臂，在转体的方向选择中，应选择让后面一侧叉腰的手臂能展现的方位转体。

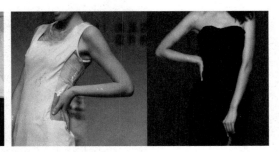

图 5-2　握拳抵腰　　　　图 5-3　手背抵腰　　　　　图 5-4　反手叉腰

（三）双手叉腰行走与依次放下还原

模特双叉腰行走时，手臂对称，肩部保持自然平滑状态，在前台停步与转体时通过 4 ～ 8 拍依次放下叉腰的手臂，根据不同的转体方向决定放下手臂的先后顺序。

（四）双手依次动态叉腰

模特自然摆臂行走，台前停步及转体组合时通过 4 ～ 8 拍依次叉腰，可双手或单手叉腰向后行走，也可在组合转体的最后一个转体中将叉腰的手臂依次放下。需要注意的是，两手臂交替时需要有中间的过渡，不能直接转换。

> • 教学提示：动态行走时双手或单手叉腰的方式仅适合正手软叉腰造型，且双手叉腰时，两手臂要对称，其他叉腰造型均不适合动态行走，在台前展示时可根据服装及整体风格选择叉腰造型，也可以选择手臂肘关节朝向不同的方位。
> • 教学重点：在表演的过程中，做提臂叉腰的造型时，要与停步造型同步完成手叉腰的动作，即停步后第一拍，不能在停步造型两拍之后再突然叉腰，这样的造型会成为一个多余的干扰动作。同时还要避免没有过渡的两侧直接切换叉腰。
> • 教学难点：模特应该在掌握知识原理和基本功的前提下，结合不同的转体以及方位来灵活运用各种造型，科学地展现展挥出造型美感。

第二节　平面拍摄造型

随着商业经济与摄影技术的不断发展以及网络繁荣与读图时代的到来，平面静态展示随之得到了快速发展，服装及平面广告对于参与拍摄的模特也有了更高的要求。模特的姿态造型是表达作品主题思想、丰富画面构图、提升照片质量的重要保证，模特的表现力影响拍摄效果，而照片的质量直接影响其广告的传播。

一、整体造型设计

服装表演静态展示又叫作摆拍或"pose"，是来源于生活并通过艺术加工美化而成的姿势造型。完美协调的造型具有较强的艺术感染力，模特的姿态要根据主题来呈现，动作要协调自然，符合大众审美。

（一）整体线条造型

模特造型以人体线条为依据，因而可根据身体角度或形体线条的变化分为五大类，用英文字母象形地代表为 A、S、Z、I、C 形。

A 形姿态是指在画面中模特整体结构是 A 的形状，上身直立，双腿打开，重心在两腿中间（图5-5），这种造型不仅具有较强的稳定感，而且具有较强的视觉引导力和冲击力。S 形姿态为波浪线形状（图 5-6），女模特运用最多，S 形姿态最能够突出女性身材曲线，给人带来优雅的视觉审美，多用于女性化的服装。Z 形姿态是身体有明显折线的造型，或者蹲姿和坐姿造型（图 5-7），折线的夹角可以是锐角、钝角或直角等不规则形状，主要依靠腿线、上身线和头线在视觉上产生冲击与对立来表现身体轮廓。I 形是长线形，多以站立舒展的姿态为主（图 5-8），但并不是呆板的直线，而是身体部位或肢体有小幅度的变化或者呈现出倚靠等倾斜状态。C形是指有弧度弯曲的姿态，多以重心在一侧的前躬、后仰和侧倒的舞姿造型为主（图5-9）。不同的姿态造型可以在不同的拍摄角度下完成，同一个动作造型在摄影师不同的镜头方位和距离远近下可以得到不同的效果，这样可以塑造出更多变化的画面。

（二）造型变化规律

模特在平面造型中遇到的最大问题就是如何不重复地变化造型，这需要模特保持一定的规律性，在规律中变化。这个规律就是"两静一动"或"两动一静"，具体来说，人体三大部分包括手臂、躯干、腿，通过三大部分动作的排列组合设计出千变万化的姿态。变化的方法是模特选定某一部分不变，通过其他两个部分或一个部分变化的就能组合出连续变化的不同姿态造型，比如上肢和躯干造型不变，变化腿部造型；或腿部及躯干造型不变，变化上肢造型（图5-10）等。在具体运用时可根据不同的服装适时调整。

（三）整体造型与镜头的方位

模特正面展示是平面拍摄中使用最为普遍的方位，正面展示时造型变化最多，并且可以使服装的款式、设计细节展现得更加清晰，比如衣领、衣襟、图案、色彩、配饰等（图5-11）；侧面展示时的角度较多，如两侧前45°、两侧后45°、两侧90°，前侧面展示时的肢体变化相对后侧面更加多样化，可展现服装款式的特点以及模特的立体感（图5-12）；背面展示时动作造型相对较少，通常主要展示服装背部的特殊设计，比如背部有印花、镂空或装饰等（图5-13）。

图5-5　A形姿态　　　图5-6　S形姿态　　　图5-7　Z形姿态　　　图5-8　I形姿态　　　图5-9　C形姿态

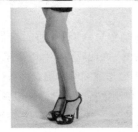

图5-10　腿部及躯干造型不变，变化上肢造型

在变化方位时，可以先完成一部分正面造型，再选择相反一侧的后侧造型，然后再换一侧的前侧造型，接着可以做少量的背面造型，最后完成一部分正面造型。如果还需要重复一遍的话，可以将刚才选定的侧面造型进行换面，可以4～6拍一动，动3～4组换一个方位，这样模特不断变化造型可以带给摄影师不断的启发，在拍摄过程中总有双方都满意的角度和造型。

二、站姿腿部造型设计

在服装模特的腿部造型中，把两腿分成主力腿和自由腿，主力腿主要承担身体的重量，自由腿起装饰、平衡、塑造线条的作用。自由腿可灵活变化丰富设计，当主力腿固定好之后利用自由腿位置变化而形成不同的腿部线条和造型的步法叫钟表盘造型（以右腿作为主力腿，左腿作为自由腿为例），两腿也可交替改变。

图 5-11　平面正面造型

图 5-12　平面侧面多角度造型

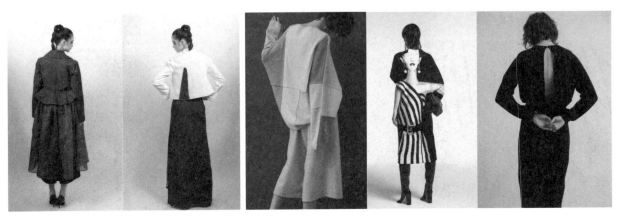

图 5-13　平面背面造型

（一）钟表盘造型的变化

12 点位是模特最基本的造型方式。在两脚分离的程度上又分为并步、靠步、小 12 点位、常规 12 点位、大 12 点位。常用的是并步、靠步与常规 12 点位三种造型（图 5-14）。并步是两腿与两脚基本并拢在一起，膝盖伸直，腿部线条流畅，脚尖指向前方；靠步是两腿与两脚基本靠在一起，自由腿膝盖弯曲略抬，脚尖踮起；小 12 点位也叫小丁字步，是一般商务礼仪中的常见站姿；常规 12 点位的左脚脚后跟离右脚有一脚的宽度，自由腿膝盖内扣屈腿，前脚尖内侧点地；大 12 点位是在常规 12 点位基础上将自由脚再向前一点使自由腿膝盖伸直。12 点位无论哪种造型变化，自由脚的脚尖始终指向 12 点方向，主力腿的脚尖指向钟表盘 2 点方向，两手臂垂直时不要夹住身体，保持自然的空隙，头和肩要放正，右胯的位置在 3 点时，模特对于镜头是正平面，当右胯向右侧转动到 4 点时，呈现小侧面状态。

在 12 点位主力腿不动的情况下，自由脚移动到 9 点方位即 9 点位造型。在服装表演动态展示中，9 点位常用的是自由脚侧点地，两腿膝盖伸直，但在平面造型时，9 点位在常规中可以变化丰富。自由腿脚尖内扣点地，大腿靠拢，呈现内扣造型（图 5-15），这种站姿是平面女模特常用造型，膝盖可以依据不同的服装适当弯曲，两腿打开的幅度也根据不同的风格调整可大可小；当自由脚的脚尖向外直接指向 9 点时，呈外八字造型（图 5-16），自由腿膝盖根据打开的幅度调整屈腿或伸直；9 点位时还可以两腿和两脚基本平行，两腿同时承重的 9 点位腿部基本对称，是最稳健的一种步法（图 5-17），男模运用较多，女模在展示中性造型时也可以运用两腿同时承重的平行 9 点位。

运用钟表盘的变化规律，能够设计出多个点位模特腿部的姿态，并且可以交替变化主力腿，但是有些相似的造型可选择其一，腿部相似的造型有 1 点位与 2 点位造型、4 点位与 5 点位造型、7 点位与 8 点位造型，10 点位与 11 点位造型。比如 1 点位与 2 点位造型的共同特点是两腿交叉，自由脚的位置在主力脚位置的斜前方定点，斜前方的角度决定是 1 点位还是 2 点位，但整体看来属于相似造型；在每一个点位上还可以改变脚尖脚跟的方位方向，膝盖可伸直可弯曲，以及调整两脚的距离幅度，比如 3 点位的大小区分就是交叉步的大小幅度（图 5-18），还有 6 点位的大小幅度、10 点位的大小幅度等。除此以外，每个点位还可以微蹲造型或者穿插单腿独立承重造型（图 5-19）等，在单腿支撑时，另一条腿的脚面要尽量保持绷紧伸直，不要勾脚形成线条的中断而影响画面的视觉效果。

 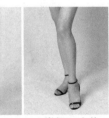

并步　　　　**靠步**　　　　**常规12点位**

图 5-14 常用 12 点位造型

图 5-15 平面 9 点位造型幅度变化　　　　图 5-16 外八字造型的 9 点位　　　　图 5-17 两腿平行承重造型

图 5-18　3 点位造型的不同幅度

图 5-19　单腿承重造型

（二）腿部与镜头的朝向方位

腿部除了正面造型之外，还可以朝向其他方向，也相当于镜头方向的转动，主要以两侧面为主，角度在左右 45° 到 180° 之间，以平均的角度转动，比如左侧 45°、90°、135°、180° 代表性的角度，即前侧面、正侧面、后侧面、背面。在任何方位造型时身体朝向、面部朝向与腿的朝向可以不在同一个方向，身体在可转动的情况下适当调整和变化，要适应人体结构，不扭曲、不变形、保持整体协调。

在每个方位朝向时都可以进行钟表盘造型变化，但侧面与正面在视觉上不同，有些造型放在侧面变化时，从镜头中看到的并无变化，比如左侧 90° 朝向，模特 9 点位步法的转变却只能看到主力腿，看不到其变化，因此，可以舍弃重复的视觉效果。在流程设计上可以先完成正面的各种造型设计，再转体为右侧进行造型设计，接着转体为左侧进行造型设计，最后转体进行背面造型设计。

节奏与韵律是服装动态表演必需遵循的原则，没有节奏韵律的表演就失去了服装表演的灵魂，在静态造型中同样要遵循节奏与韵律。每次更换动作时，要注重肢体的节奏感和动作的连贯性以及停顿的节拍，比如用 4 拍的间隔流动更换下一个造型，如果两个造型变化幅度较大，可用 8 拍的间隔流动更换下一个造型，依次反复或微调，这样的节奏变化就形成了韵律，从而创造出有节奏韵律的变化造型。

站姿设计还要根据不同风格的服装加以调整和取舍，选择适合的点位及角度的转换。穿着裤装时，造型基本不受限制，但穿着裙装时应根据款式适时调整，比如穿着紧身包裙时不能进行大幅度的步法，穿着长裙时腿部基本被盖住，那么就需要在方位和朝向的转换上加以变化以免单调，而往往这样的服装需要模特将主要精力集中在上肢及躯干部位的变化。

三、手臂造型设计

在模特静态造型中，手臂动作具有不定型的、无限变化的特征，有较强的艺术表现力。当手臂发生一个点的移动时，就会产生一种手臂线条的变化，这些手臂线条的变化丰富了造型设计，也充分发挥了模特的个性。手臂造型可以广泛应用于模特站姿、坐姿以及其他姿态中，手臂所形成的线条、形状主要是由手触碰身体的部位和造型所决定，手的位置大概有以下几种：

（一）手放在头部或面部周围

手的动作大致包括"触""托""遮"三个动态动作。"触"是指单手或双手内外侧触头（图 5-20），可以对称造型，也可以不对称，采用手臂下压或外展均可，要避免手臂的肘关节正对镜头；"托"包括托腮、托下巴、托额头等动作（图5-21），"托"的部位要要轻，要避免整个脸、脖子摊在手上造成面部变形；"遮"可以遮挡嘴巴、额头、眼睛等部位（图5-22）。另外还可以结合头、面部道具，如眼镜、帽子等让造型富有变化。

（二）手放在胸、肩部

手放在肩部、锁骨、胸部的高度位置，也分为双手和单手。手放在胸部或锁骨部位时通常用于饰品的展示，体现女性特点；放在肩部时大多为单手触碰，另一只手也可以出现在其他位置辅助造型（图5-23）。

（三）手放在腰腹部

手放在腰腹部常见的造型有双手轻放在体前腹部的传统造型和叉腰造型的不同方式（图5-24）。单手叉腰时另一只手可离开身体或与其他部位触碰形成新造型，双手叉腰造型可以左右对称或不对称，手在叉腰时的位置高低会导致手臂的夹角发生变化，形成不同的视觉效果。

（四）手抱怀、插兜

手抱怀动作也分为双手抱怀和单手抱怀（图5-25），单手抱怀时另一只手大多在头部、脸颊、锁骨处。手还可以运用插兜造型，比较贴近生活自然（图5-26）。

（五）手放在另外手臂上

手放在另外手臂上的造型与放在腰腹部的怀抱动作有相似之处，两者能够共同运用（图5-27），单手放在另外手臂上时，可以在触碰的高度与位置上进行调整变化，从大臂到肘关节，再到小臂。

（六）手放在身后

手放在身后（图5-28）其实是将手隐藏在身体后面，也可以在侧面或者背面运用。手的高低位置可以根据需要调整，可以单手，也可以双手。

（七）手放在腿部

手放在腿部就是放在人体中下的位置，如果是站姿造型，那么手一般仅可以放在大腿的上端（图5-29），如果是半蹲或坐姿，那么手能够触及膝盖及小腿、脚踝等部位。

图5-20 手触头部造型

图5-21 手托面部造型

图5-22 手遮挡面部造型

图5-23 手放在胸肩部造型

图5-24 手放在腰腹部造型（反手叉腰）

图5-25 手怀抱身体造型

（八）手离开身体造型

手臂张开后，一般配合腿部 A 形造型运用，手离开身体后，展示空间较大，造型丰富，手臂可以向高处或前侧延展，也就是手的位置在肘关节之上（图 5-30），还可以在肘关节以下打开延伸（图 5-31）。

在手臂设计中尽量有规律地连贯完成，遵循"两静一动"或"两动一静"原则，可以从高到低、从内到外、从单手到双手依次有序完成。这些是手臂造型的常见变化规律，因为手臂造型变化多，同样的造型配合不同的表情和体态会给人以不同的感受。在理解人体各部位的基本造型后，在人体三大部分基本造型不变的情况下，仍然可以让肩部发生高低变化改变造型，或通过胯部的摆动改变重心等造型。利用这些基本规律，模特结合不同的面部表情摆拍造型，以求达到造型、神态、思想、灵魂和环境完美结合的目标。

图 5-26 插兜造型

图 5-27 手放在另外手臂上造型

图 5-28 手放在身后造型

图 5-29 手放在腿部造型

图 5-30 手离开身体在肘关节之上造型

图 5-31 手离开身体在肘关节以下造型

四、表情

在造型设计中，面部表情能传达喜、怒、哀、乐等情感的变化，模特的表情是整体美的重要体现。脸部表情应自然明朗，不要过于夸张，要给人以轻松柔和的感觉。模特的表情和表现以得体为美。模特常用表情有柔和面容、热表情和冷表情。热表情是指模特面部表情所传递出的感觉是愉悦、轻松、快乐的，通俗来说就是面带笑容，能使观众产生亲切感。

柔和表情为 0 度自然表情，面部肌肉不改变，表达成熟稳重与自信的态度，是平面造型与动态走秀运用较多的表情。热表情以笑容的渐变为度，通过嘴角向上翘或两边张开、口轮匝肌和面颊肌收缩显出面部表情，可根据情感变化表现出程度不同的各种形式：1 度微笑时笑不露齿，表现优美、柔和、典雅的气质；2 度微笑时上下唇稍微张开，露出少量牙齿，这是一种表达美好幸福或自我陶醉的笑容；3 度笑容表达顽皮或天真烂漫的氛围，虽然笑得很开，但不是无边夸张的大笑；4 度笑容相比 3 度笑容笑得更开，是平面造型表情中能够控制的最大笑容（图 5-32）。热表情在动态秀场运用较少，一般适合于娱乐性时装表演或模特大赛中的活力装环节。与柔和或热表情相反的是高冷面容，又叫冷表情，其面部表情无笑容，呈现出冷酷、硬朗、有内在力量的感觉。冷表情是现在动态秀场与静态拍摄运用率较高的表情（图 5-33），不同的模特形象也会表达出不同的视觉感受，这也是模特的个性与独特之处。

在平面拍摄时根据不同的情况，表情可以更加丰富，比如俏皮的、惊喜的、悲伤的、沉思的表情等，无论做任何表演都尽量真实，不矫揉造作。另外，眼神的运用也存在很多误区和技巧。例如，眼睛斜向两侧的角度不能过大；眼睛向下看的时候如果过低，在镜头里拍出来通常会让人感觉模特闭上了眼睛；眼睛过于向上则会拍出翻白眼的效果。因此，拍摄过程中一定要把握好角度，眼神与镜头碰撞时，模特仿佛能透过镜头看到自己想要看到的人或物，表现出有力、自信且能洞穿心灵的感觉，而不是眼神游移不定，更不是双目空洞无神。

图 5-32 拍照时的热表情

图 5-33 拍照时的冷表情

五、坐姿与其他造型

（一）坐姿

在坐姿平面拍摄过程中，最关键的是模特坐的角度与方式。要从镜头中寻找最恰当的身体比例拍摄坐姿，线条应流畅完整。坐姿适合表现上身躯体的造型优势，加上四肢的协调配合，形成完整的造型。由于坐姿的腿部线条呈折线，较站姿而言，容易造成腿部线条缩短的视觉感受，为了能将模特修长的双腿充分地在画面中展示出来，双腿在摆放时要错开，一般一条腿弯曲，另一条腿较之伸直，两腿形成对比，脚尖尽量绷直，这样腿部线条一直延长到脚尖，使得腿看上去更加修长。坐姿造型时还要注意避免胳膊肘、膝盖正对镜头。尽量保持脊柱挺直状态，除非有某些特殊要求。大多数坐姿容易突显腹部赘肉，应注意遮挡或者保持收腹；在静态设计时还可以利用道具来配合表现，使造型更加灵活多变。坐姿的变化有以下几种：

1. 躯干与腿的角度变化

躯干与腿之间的角度变化可以产生不同的线条组合，总体来说可以概括为直角（图5-34）、锐角（图5-35）、钝角（图5-36）等几种形式。

直角坐姿指躯干与臀、膝盖连线大致呈90°的坐姿。在社交礼仪中的坐姿都是90°直角坐姿；钝角坐姿指躯干与臀、膝盖连线所成角度大于90°，身体较为舒展；锐角坐姿指躯干与臀、膝盖连线所成角度小于90°，应注意处于锐角坐姿时服装腰腹部的褶皱以及上身的姿态。另外还有两种角度的混合运用，两条腿与身体躯干分别呈现不同的角度（图5-37），比如锐角与钝角组合、锐角与直角组合等，这种情况比单一角度在视觉上的变化更丰富。

2. 腿的夹角变化

坐姿时，大腿与小腿之间的夹角也分为锐角、钝角和直角。钝角和直角与锐角相比具有拉长腿部线条的视觉感受，但两腿对称会显得呆板，因此，坐姿时至少应有一条腿夹角为直角以上的角度，另一条腿转换角度或交替进行变化，可以使两条腿的线条交错，形成折线与直线的对比，这对表达腿部的长度线条最为关键（图5-38）。

图5-34 直角坐姿造型

图5-35 锐角坐姿造型

图5-36 钝角坐姿造型

图5-37 躯干与两条腿不同角度的坐姿

3. 腿的方位变化

同样的动作，不同的朝向，也会产生完全不同的视觉效果，腿的方位决定着腿部线条的透视。在镜头前不同方向的坐姿变化会使肢体产生延长或缩短的效果，侧面坐姿比正面坐姿更具有拉长腿部线条的视觉感受。在方位朝向上，以镜头为目标，左右两边在 30 ~ 120° 之间较合适，也就是前侧面、侧面、后侧面。在方位变化时，上身与头部的方位朝向可以和腿部不同，但要适应人体结构，不可扭曲变形，确保画面舒适协调。

4. 肢体变化

坐姿时除了腿部造型，其他部分也是重要的构成元素，如头部、胸部、背部、手臂等。这些部分完整协调地组合在一起才能构成整体的坐姿造型。头部要配合其他部位，大多是左右转动的情况，也可以抬高或降低头部来调节整个坐姿的重心平衡；坐姿的胸肩部变化较小，一般是身体左右转动产生不同方向和角度的变化而带动胸肩部变化，或手臂的造型带动肩部的高低变化；手臂造型可以丰富坐姿的变化，同时也会对坐姿起到整体的支撑平衡作用。

5. 坐姿高度变化

一般而言，有高度的坐姿是普通常用坐姿，就是坐在椅子上或者坐在其他有高度的物体上的姿态。一般臀底与脚底之间高度在 20 ~ 60cm 之间，常见高度为 40 ~ 50cm 之间；另外还有一些坐姿造型是席地而坐或坐在高度较矮的楼梯上，臀底与脚底之间高度在 20cm 以下或 0 高度，这种坐姿叫做无高度坐姿（图 5-39），表现为休闲放松状态下的姿势，具有随意性，但要注意腿的角度与方向、双腿与膝盖的朝向等画面效果。

（二）舞姿造型

服装表演在动态秀场中可以穿插少量情节的引导，再嵌入主题秀场。服装表演不像舞蹈那样着重表现人物的情感过程，一般没有具体的情节变化，但两者都是通过肢体语言来传达语言所不能表达的寓意。服装表演的姿态造型来源于生活，而舞蹈造型是经过提炼、组织、美化了的人体动作，表现情感与思想，是反映社会生活的一种艺术。模特大都有舞蹈及形体的训练基础，但在协调性及柔韧性方面与舞蹈演员具有较大的差距，如果在服装表演中运用少量舞蹈动作，尽量选用有舞蹈基础的模特发挥所长，可以选择具有标志性特点的舞姿动作定格进行展示。在运用舞姿造型时可以纯舞姿造型（图 5-40），也可以局部舞姿造型（图 5-41），无论哪种方式都是将舞蹈美感运用在服装展示中。舞姿造型可表现出多方面的风格，比如用芭蕾的手位、脚位动作来展示优雅，用民族舞的手位动作展示婉约或刚毅等异域风情，用现代舞的动作造型来展示时尚个性等。通过肢体语言和舞姿中的神韵表情、柔韧度及力度等夸张线条可提高模特展示的技巧，增强艺术表现力，把平面造型展示推向一个更高的层次。

（三）其他创意造型

在平面造型中常见还有蹲姿造型，可分为半蹲和全蹲，半蹲造型在服装表演和平面造型中运用较多，有较强的表现力（图 5-42）；全蹲造型能够运用在平面造型中，常表现得轻松随意（图 5-43）。

图 5-38 大腿与小腿之间的不同角度   图 5-39 无高度坐姿

另外还有跪、靠、扶、躺、趴、跳等创意造型；跪姿与全蹲造型有相似之处，蹲姿造型腿部膝盖不着地，跪姿造型至少有一条腿膝盖是着地的状态（图5-44）；靠姿是指倚靠门、树、墙、高背椅等外界物体作为身体依托时所运用的姿态（图5-45）；扶姿可以是扶树、墙、门、椅、车、人等（图5-46）；躺姿包括平躺和侧躺，平躺时模特将下巴略微抬起，这样可以让脸部轮廓更加清晰（图5-47），同时可以避免双下巴，为增加画面曲线感，可以弯曲起一条腿，再配合上肢的动作造型，侧躺时胳膊可以单肘支撑、双肘支撑、不支撑或支撑头部，要注意手肘与侧膝着地点的角度配合，躺的地方可以是床、沙发、山坡、草地等，具体根据拍摄内容来确定；趴的姿态有平趴、侧趴，拍摄角度比较少（图5-48），具有一定的表现力，还常显得轻松、随意；走姿是常见的微动态造型，体现一定的动感，容易掌控，效果较好（图5-49）；跑姿因为动作不好掌握和固定，因此运用不多，但效果很好，跑姿设计应注重自然，让人看不出摆拍痕迹，跑姿有很多不确定因素，所以要采用多拍选优的方式（图5-50）；跳姿就是脚部离地跳起的姿态（图5-51），有走姿跳、双腿跳，跳姿与跑姿一样都具有动感，动作难点在于模特脚部离地后如何做出不同形态的配合动作。

图 5-40 纯舞姿造型

图 5-41 局部舞姿造型

图 5-42 半蹲造型

图 5-43 全蹲造型

图 5-44 跪姿造型

图 5-45 倚靠造型

图 5-46 扶姿造型

图 5-47 躺姿造型

图 5-48 趴姿造型

图 5-49 走姿造型

图 5-50 跑姿造型

图 5-51 跳姿造型

（四）双人及多人造型

　　双人或多人组合造型相对于单人造型来说更加丰富多姿。模特的双人及多人组合通过设定模特之间的空间位置、姿态表现，将模特所穿服饰的色彩相互搭配，从而展示服饰或产品的整体风格与主题。双人、多人造型时要注意相互之间的变化，从结构上来看可以把双人、多人造型规律归纳为：前后组合（图 5-52）、对称组合（图 5-53）、高低组合（图 5-54）、虚实组合（图 5-55）、正反组合（图 5-56）、多少组合（图 5-57）等。

图 5-52　前后组合造型　　　　　　　　图 5-53　对称组合造型

图 5-54　高低组合造型　　　　图 5-55　虚实组合造型　　　　图 5-56　正反组合造型　　　　图 5-57　多少组合造型

　　目前模特参与的平面拍摄主要是时装样片、广告产品、杂志报刊、企业形象、视频宣传等形式，这就要求模特不但具有造型表现能力，还要具备良好的沟通能力、创造能力和配合能力。模特需要在平时生活中多积累经验、观察生活，比如在平时的学习训练、片子拍摄中体会人物的内心等。

- 教学提示：在手臂造型训练时，可以适当运用拿在手上的道具或配饰来配合造型，如墨镜、首饰、帽子、手包等相对小型的道具，在运用规律上按照手臂造型来摆放。
- 教学重点：变换动作的节奏性与流畅性。
- 教学难点：整体造型的协调性。

| 第六章 |

服饰与道具

服饰与道具是服装表演中有效的造型手段，是塑造服饰形象的工具，秀场中恰当地运用道具可以辅助服装表演的艺术表现以及情感表达，让服装表演艺术形式更加饱满；在选择服饰或道具进行搭配时，应该把握好整体造型的美感和协调性。

第一节 外套的运用展示

服装表演是为了展示模特与服装的融合，模特运用肢体语言与形体展示服装的结构设计与特点。合理恰当地运用外套，不仅能体现模特的个性及其对服装的理解，还能对所展示的服装起到画龙点睛的作用。模特在运用外套展示时，要根据外套以及外套和内搭的整体风格来确定运用哪种造型以及转体，比如休闲风格可以运用 9 点位造型；优雅或古典风格可以运用 12 点位造型。

一、衣领与门襟的运用

一件完美的服装，必然注重局部细节设计，从而使整体效果更加丰富。在服饰平面造型中，经常会看到模特对于衣领、上衣门襟和口袋的展示，设计师和摄影师也较为注重运用模特的姿态来展示服饰局部，从而提升整体效果（图 6-1）。

衣领和门襟是常规外套的组成部分之一，门襟大多处于外套的前身，与衣领相连，衣领有立领、翻领、无领等领型，有实用性设计也有装饰性设计。在行走过程中，如果外套的门襟是敞开的，模特

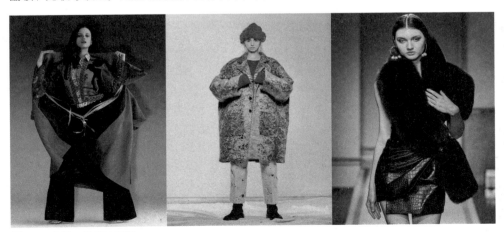

图 6-1 衣领、门襟的运用

可以单手扶门襟行走，单手控制一侧造型后，外套另一侧还有动感。如果用双手控制住外套门襟，走姿以及外套都会缺乏美感。另外，模特在行走时手不宜抬得过高，因此不能扶衣领行走，可以用手扶住腰线及胸下部位的单侧门襟，给人自然舒适之感。在台前停步展示时可以单手或双手错开扶门襟，也可以一手扶衣领，一手扶门襟，还可以双手扶衣领展示。

右手单手扶门襟行走，台前9点位左侧90°停步时双手错开扶门襟，移重心90°正面展示，撤右脚一步转体向后走，向后的第一拍将右手放下，自然摆臂，保留左手扶门襟行走。

单手扶门襟行走，台前12点位右侧90°停步时一手扶衣领，一手扶门襟造型，移重心180°换另一侧展示，向后行走时调整为单手扶门襟。

二、插兜动作的运用

外套衣兜的款式多样，造型多变，一般在较为明显的位置。运用衣兜造型可以让服装的款式变得丰富，也更具立体感（图6-2）。表演时可以大拇指插兜，其他四指在外，也可以四指插兜，拇指在外，还可以五指浅插兜。

动态表演时可以右手单手四指插衣兜走，台前9点位左侧90°停步，停步时左手四指插衣兜，移重心90°为正面造型展示，撤一步右脚向后走时，右手自然摆臂，也可以两手均插兜向后走。

双手浅插衣兜行走时，台前9点位正面停步，将左手伸出自然垂臂，上步90°转体，在向后行走的第二拍回头时右手也自然摆臂行走。

在插兜动作中，实际上除了穿外套可以插兜以外，插裤兜动作运用得同样广泛（图6-3），另外还有裙兜等等都是同样的规律。

图6-2 衣兜的运用

图6-3 裤兜的运用

三、袖子的展示

对于袖子有设计感的服装，如大蝙蝠袖、宽袖大衣或者带有古典风格的长袖外套这类服装，在表演时的重点是袖子的展示。在表演时可以参照叉腰造型的运用，也可以单臂侧打开或者双臂侧打开造型（图6-4）。

行走过程中双手叠放于体前胸腰中部，手肘略打开15°，正面直接12点位停步，台前将双手依次侧展开。依据服装风格，可以左右手臂各两拍或各四拍，也可以左右手臂同时侧展，眼神视线不需要跟随手臂流动，上步180°转体的过程中，两手臂同时还原叠放于体前胸腰中部。

四、脱外套造型

如果外套和内搭都需要展示，在秀场中可以将外套直接作为道具运用，放在手肘上常规展示（图6-5）。如果是穿着外套出场，台前展示外套与内搭，则要把握好时机，不能过早脱外套，也不能放在台前停步后脱外套。如果是较长的舞台，可以在行走三分之二的舞台长度后脱外套，一般在还差几步快走到台前停步时脱外套展示。通常脱下的外套以宽松型居多，如果衣身与袖子较紧，则不适合脱外套造型。脱外套的动作一般在3～4拍可以完成，边行走边脱外套。以停步前四拍为例，脱外套第一步要双手将外套的衣领打开过肩，因为肩部是人体最宽的部位，过肩后外套会自然下落，落在手上时模特要准确地接住衣袖的延长部位，也就是领子的两侧，随后单手拿外套或拎外套，从衣领到下摆要保持线条流畅，袖子不要翻出来，面料朝外，里子顺其自然地若隐若现。

自然摆臂或单手扶门襟行走，距台前停步四拍左右脱外套，脱下后右手提外套，正面9点位停步。停步的同时右手将外套上提至右肩部，外套面料朝外，前后遮盖住模特身体右侧的三分之一，右手掌打开在外套里支撑造型，右手肘内收不要露出，运用向左侧的转体，即上步90°或上步180°转体，保持手拿外套放在肩部向后走。

自然摆臂或单手扶门襟行走，距台前停步四拍左右脱外套，脱下后右手提外套，右侧90°停步，9点位造型，停步的同时右手将外套搭在左臂手肘与小臂之间，移重心90°正面造型后直接半转体，保持左手臂弯曲搭外套向后走。

台前180°停步，外套脱下后双手接衣领两侧，上步180°转体时单手垂直拿外套（适合于短外套），再运用之前的两个动作，如上步90°外套放右肩或者移重心90°外套放左手肘。

图6-4 汉服袖子的展示

图6-5 外套搭放在手肘上

第二节　包的运用展示

　　包作为服饰配件，在秀场中运用率最高，在展示的时候，模特不但要体现其功能性，还需要展现它原本的艺术性，赋予包不同的生命力。包的类型较多，如双肩包、单肩包、手拿包等，有不同的款式、不同的大小，模特在平面造型时要突显包的功能性，根据包的风格合理地运用身体姿态来展示包的艺术性和风格属性（图6-6）。平面动作可夸张，但在动态秀场中，要分析是以服装展示为主还是配饰为主，再根据包的款式选择造型。大多数动态秀场是将包作为服饰整体的一部分，不要过分突出饰品，常用的展示方法就是根据包的款式常规背包或拎包，可将手搭在包上给予指向性（图6-7、图6-8）；或是将单肩包、手包放在胸侧或夹在腋下单手抱包，这种方法适合材质偏软的包（图6-9）；还可以手臂自然伸直，手腕内扣将包拿在体侧胯部，这种动作适合于材质偏硬的包，就像拿了一本书一样（图6-10）；如果是偏小的包，则手臂自然伸直，单手或双手抓拿包展示（图6-11）；如需要提升包的存在感，可以在台上有少量的单独展示包的动作，或者增加包的数量进行多包展示（图6-12），这种多包展示的方法也适合于平面造型（图6-13）；在平面造型时还可以将外套与包一起展示，增加体积感和视觉冲击力（图6-14）。外套与包共同运用展示不适合脱外套的动作出现，也就是说，如果模特手上有包，外套应提前脱下或者不脱。

图6-6　包的平面造型展示

图6-7　常规背包

- **教学提示:** 除了服装主体以外，搭配相应服饰的配件种类众多，如首饰、鞋、眼镜、帽子、腰带等，配件的运用在服饰搭配中起着画龙点睛的作用。这些配件在表演时的运用方法和规律与包的展示是一样的，可分为常规型和夸张型，一般来说运用在秀场中为常规佩戴，不需要过多的动作，在平面造型时根据需要可以以服装为主常规佩戴，也可以创意和夸张。在教学时，运用 1 ~ 2 种有代表性的配件配合走台、造型转体或平面造型中的上肢造型学习即可。
- **教学重点:** 包在静态展示时的手臂造型。

图 6-8 常规拎包

图 6-9 单手抱包

图 6-10 手腕内扣拿包

图 6-11 抓拿包

图 6-12 秀场多包展示

图 6-13 平面多包展示

图 6-14 外套与包共同运用展示

第三节　披肩的运用展示

披肩在服装表演中运用得较多，造型多变，根据尺寸的不同可以披在肩上（单肩或双肩），也可以系在颈部、胸部、腰部和手腕上；可以系在头上作为帽子或发带，也可以将超大的披肩围在身上直接作为大摆裙（图6-15）。

一、系成大摆裙展示

大裙摆在设计中的应用比较普遍，有很强的装饰作用，体现女性特有的优雅，模特要掌握大裙摆的展示技巧，可以单手或双手提裙，在行走时手提裙摆，还可以手拉裙子旋转身体。

（一）单手提裙

手拎裙摆自然摆臂行走，台前正面停步，右手侧提裙打开45～50°，运用上步90°转体，形成侧面造型，在转体的过程中，将提裙的右手以逆时针画小半圆，再还原为自然垂臂。在台前右手提裙时，运用能够展示右侧的转体，如上步90°和上步180°转体；如果是台前左手提裙，则运用能够展示左侧的转体，如移重心90°和移重心180°转体。

（二）双手提裙

手拎裙摆自然摆臂行走，台前正面停步，双手侧提裙打开45～50°，运用上步180°转体，在转体的最后一拍回头，并同时将手臂放下形成自然摆臂向后走。双手提裙不限于哪种转体方向，注意在转体后的最后一拍还原手臂造型，也可以运用台前移重心180°转体，方向不同但方法相同。

图6-15　披肩在秀场中的运用

（三）欢乐转体

双手提裙侧打开 45 ～ 50° 行走，台前不停步，用四拍快速旋转 360° 后正面再用四拍上步 180° 转体，在转体的最后一拍回头，并同时将手臂放下形成自然摆臂向后走；实际上在台前完成了 540° 的快速转体，又叫作"欢乐转体"，在旋转过程中，裙摆打开并飘逸起来。在欢快转体时模特要保持转体中的留头，将面部以最快的方式呈现为正面。

（四）组合转体与综合运用

当展示服装时，如果不能完全通过基础转体表达，可以运用适当的组合转体来完成，这样形式变化上也会更加丰富。单手提裙与双手提裙在组合转体中可以依次变化或转换，比如手拎裙摆自然摆臂行走，台前 180° 背面停步，停步的第一拍双手侧提裙打开 45 ～ 50°，上步 180° 转体呈正面造型，再转体时将单手还原，呈正面的单手提裙，运用能够展示提裙手臂相对一侧的 90° 转体，比如右手提裙运用上步 90° 转体，左手提裙运用移重心 90° 转体。

二、系成上衣展示

当披肩系在上身时可以设计为不对称单肩上衣，在行走过程中自然摆臂，在台前停步时侧抬 60° 展示有袖的设计，可以运用各种转体方式；设计为对称上衣时，如果大臂活动范围受限，则不需要叉腰或侧提臂，可自然摆臂行走，在台前停步时，可将单手或双手放置在胸肩部展示四拍，可以运用各种转体方式。

三、作为配饰展示

当披肩作为配饰搭配服装时可以起到画龙点睛的作用，小披肩可系在手腕上、头上或颈部，系的方法多种多样，展示时均运用手臂造型。正常摆臂行走，仅在台前停步造型时将手放置在腰胯部、胸肩部或头部周围，给观众明确的指向性。

- **教学提示**：大披肩的多种运用可以将表演以及模特训练形式更加丰富，充分弥补服装上的不足。披肩材质和大小可根据不同情况而定，平时训练，可以选择耐用且物美价廉的雪纺面料，尺寸约为 140cm×180cm；运用在秀场时要选择与服装面料、色彩风格一致，或有呼应色彩的花色披肩或面料进行搭配。
- **教学重点**：提裙和放下手臂的节拍与时机和提裙时手臂的造型。
- **教学难点**：欢乐转体与组合转体。

第四节　旗袍与折扇的运用展示

旗袍是中国女性的传统服装，优美典雅，被誉为中国女性国服。旗袍的发展经历了清代旗装、民国旗袍、现代旗袍等服饰形态。民国旗袍是中西合璧的新式产物，将洋装与旗袍结合在一起，注重女性曲线，展现东方女子特有的柔美温婉，颜色多样；现代旗袍则在传统旗袍的基础上融入了更多的时尚元素。旗袍不仅仅是一件服装，更是一门艺术，一种传承。在服装表演中，旗袍表演是一种独具中华民族特色的服装表演形式，具有浓厚的东方特性，服装模特通过特有的站姿、转体和造型并配合传统道具表现出旗袍的韵味和典雅。

一、旗袍表演技巧

旗袍注重表现女性的曲线美和韵律感，以及温柔、含蓄、内秀、稳重的气质。旗袍表演有含蓄端庄和时尚现代两种风格。

（一）站姿造型

旗袍在站姿造型中讲究含蓄端庄，因此整体造型要内收，动态展示以靠步和 12 点位站姿为主，如果展示的是长款开衩旗袍，12 点位站姿时，主力腿和自由腿都要伸直以保持开衩线条流畅；静态造型时选择不同的方位调整站姿脚位，但以每个点位的小幅度造型为主，比如靠步、12 点位、小 3 点位、1 点位、小 10 点位，内扣点地 9 点位、小 6 点位等内收造型（图 6-16）。模特应保持身姿挺拔，呼吸顺畅，柔和面容或抿嘴微笑，表现优美、柔和、典雅的气质。

着传统旗袍时，手型三指合拢，食指稍稍分开，拇指内靠，这样显得手指修长；也可以呈小兰花指手型，但小兰花指手型较舞蹈化，应根据情况选择运用。手位可以单手或双手叠放在腰腹部，双手叠放时一般右手在外在上，双臂肘关节自然打开约 15 ～ 20°；平面造型时，手可放在头面部周围、胸肩部周围或腰腹部周围，手臂呈现优雅轻柔的感觉，可以空手，也可以手持传统道具。如果是展示现代改良旗袍，则可以塑造不同的风格，动作及表情均不受限（图 6-17）。

着改良的现代旗袍或礼服风格的旗袍时，手臂可以双手或单手正手软叉腰造型。手型根据旗袍风格和演出整体风格来调整，在静态造型时，腿部动作较小，以上肢动态变化为主，手可以有指向性地放在颈部、肩部、腰部、胯部等曲线位置，不要过于夸张；坐姿造型时，坐在椅子的二分之一或三分之一即可，上身更加要收腹、挺胸、立腰。模特应通过气息将身体向上提，保持身姿挺拔。

（二）走姿步态

传统旗袍开衩比较高，所以抬腿的时候，离地高度适当低一些，但不要顺着地面拖过去；穿着改良旗袍可正常步态行走。模特在表演旗袍时下巴略收，根据音乐节奏缓步向前，比常规的时装走台节奏要慢一些，步幅略小，要减小摆臂、摆胯等动作幅度，步态平稳轻柔，两脚走出直线或小交叉状态；造型含蓄，体现温婉、典雅的中国女性形象，现代时尚风格旗袍融入了个性元素，体现出了优雅、时尚的韵味，模特在表演时，肢体的动作可以相应大气，行走步伐同时装步伐，以中速为主，两肩放平，颈部往上拉伸，挺胸、收腹、立腰、提臀，气息上提，呼吸平稳。

（三）台前展示方式

旗袍展示要体现模特与服装的东方气质美，转体方式不宜过多，角度不宜太大，台前可用 12 点位造型的两侧 90° 转体和 180° 转体以及小角度的组合转体表演；比如 12 点位不同方位停步时的上

图 6-16 旗袍或传统服饰脚位造型

图 6-17 旗袍或传统服饰上肢造型

步 90° 转体练习、12 点位不同方位停步时的移重心 90° 转体练习、12 点位不同方位停步时的上步 180° 转体练习、12 点位不同方位停步时的移重心 180° 转体练习以及不同方向的组合转体。尽量不要运用上步 270° 转体，可运用组合 270° 转体。

手的位置摆放自然，可以空手，也可以单手、双手拿合适的表演道具，转体时身体各部位协调，并且有层次，需要注意的是，正面、背面面对观众或镜头时的站姿造型为 12 点位，两侧对观众或镜头时的站姿造型为靠步。

二、道具折扇的运用方法

在服饰表演中，借助道具可以多角度地衬托服装，能够辅助表演和构图，掩饰舞台或模特的一些不足之处。利用道具来增加气氛和情调，可以使模特的表演更加丰富，并促进模特与观众的情感交流。

扇子作为旗袍表演的道具被广泛使用，不同的形状和材质给人的感觉也不同。适合旗袍表演的有折扇和团扇，其中折扇小巧美观、开合变化，在旗袍表演中运用更为广泛（图 6-18）；模特行走以及在台前展示时，将折扇流畅开合，收放有度。

（一）合扇到开扇表演设计

右手垂直自然拿扇行走，台前右侧 90° 停步的第一拍提臂，双手端扇于体前腰间，距身体 10cm 左右，右手略低于左手，向左移重心 90° 正面展示，边移重心边将折扇打开，右手端扇，扇面与地面垂直，距身体 5 ～ 10cm，上步 180° 转体，边转体边摇动端扇手腕，右手保持端扇动作向后行走。

合扇双手端扇行走，台前左侧 90° 停步时打开折扇不翻手腕，右手竖直拿扇（扇肩在左侧），移重心 90° 变为正面展示过程中将右手臂向上弧线侧面打开，扇面朝上，向右上步 90° 转体将扇子平行移回体前位并向后走（因重心腿换成左腿，故向右 90° 为上步 90° 转体）。

图 6-18 折扇在秀场中的运用

合扇双手端扇行走，台前直接停步，在停步的四拍中完成开扇并将扇向下弧线至右侧打开手臂，扇面朝下，上步 180° 过程中将右手臂向下弧线至身体背部腰间中部位置，扇面与右手紧贴背部向后行走。

（二）开扇到合扇表演设计

行走过程中右手端扇，开扇的扇面与地面垂直，距身体 5 ～ 10cm，台前 180° 停步过程中将扇向下弧线至右侧打开手臂，扇面朝下与地面垂直，上步 90° 转体过程中合扇，合扇后双手端扇向后行走。

行走过程中左手叉腰，右手端扇，边走边轻摇扇动，四拍一组，台前左侧 90° 停步，移重心 180° 换为另一侧的过程中双手合扇，向后走的第一拍与第二拍两手臂依次向下还原为摆臂行走。

行走过程中右手开扇，扇面竖直，左手搭在扇肩上，台前正面停步，右手臂上提将扇子经过右侧脸庞造型，移重心 90° 转体时将右手向下移到左胯上端造型，左侧上步 270° 过程中双手合扇并向后走。

三、旗袍表演应注意的问题

（一）音乐节奏感

旗袍虽是中华传统服装，但在表演中应具有传统与时尚的双重性，在选择音乐时以中速或中速偏慢为好，如果节奏过慢往往会使观看者感到乏味，服装模特最易掌握的节奏是中速，其次是偏快，最难掌握的是慢节奏，所以在选择音乐时应避免过慢的节奏。

（二）模特表情

在大多数时装发布会上常见的模特表情是冷艳、孤傲、自信等，但这样的表情不适合展示中国传统服饰旗袍。在旗袍表演时应注意给人柔和优雅的感觉，笑容不需要太灿烂，以微笑、笑不露齿的柔和面容为好，如果表情把握不好，那么表演就没有了灵魂，得不到观众认可。

服装表演有很多种形式组合，将舞蹈动作应用于服装表演，在突显观赏性的同时，也增强了服装表演的审美性。旗袍表演穿插舞姿造型是常见的现象，但编排时应注意把握少量适度的原则，运用太多民族或古典舞蹈动作会失去服装表演本身的时尚感；另外道具的运用也不能喧宾夺主。在旗袍动态展示中，应保持服装表演的动态特征和规律，比如一台旗袍表演时长 5 分钟，可在前 40 秒融入动态舞姿，起到承上启下衔接服装表演的作用，也可以开场和结束各占 30 秒运用舞姿，这样既避免了单调之感，还可以让观众感受到旗袍表演与民族或古典舞姿的和谐之美。在静态展示时，可运用舞姿的定格造型表现意境，但要遵循服装表演的节奏和站姿，不能全盘舞蹈化。

中华优秀传统文化是中华民族的精神命脉，是我们在世界文化中站稳脚跟的坚实根基。旗袍是一种独具中华民族特色的服饰，具有浓郁的东方情怀，是中国传统文化的重要组成部分。随着现代服饰的不断发展，旗袍受到了大众广泛的关注和喜爱，通过旗袍表演艺术可以向世人展示中华文化的内在与外在之美，促进旗袍不断发展创新，结合新的时代传承和弘扬中华美学精神。

- **教学提示**：在运用折扇展示旗袍时，要注意扇子开合的连贯性，比如在较长的舞台中加入中台停步造型时，先运用第一部分在中台开扇，然后再运用第二部分台前合扇；或者先运用第二部分在中台合扇，再运用第一部分在台前开扇。需要注意的是，折扇在关扇状态下，垂直拿或上提在腰线部位都可以，若扇子为开扇状态，则拿扇的手臂不能下垂，需要在腰部以上造型。
- **教学重点**：折扇开合运用的科学性。
- **教学难点**：折扇侧面打开时，手臂的线条要优美流畅，不能过于弯曲或僵直，要把握好弧线的度。另外，在手腕轻摇扇子的时候，不要摆动整个手臂。运用折扇体现模特气质美、韵律美、意境美的审美特征，要把握好这种传统与时尚相结合的东方韵味，表现得含蓄、婉约、优雅。

第五节　道具对于服装表演的作用

要想优化服装表演效果，除了借助肢体语言，还需要应用一些特定的道具，以便将服装的内涵充分展现出来。不同的服装风格在道具使用中也有着很大的差异。所以，要灵活合理地运用道具，充分发挥道具的辅助和支持作用，从而传达服装设计与表演的真正内涵。

一、体现表演风格

道具在服装表演中一个显著的作用就是能够展现服装风格，这样的情况在传统服饰表演中表现得非常明显。以秀场"盖娅传说"发布会运用的道具为例，其中包括中国伞、团扇、古灯、剑等具有浓厚中华古典文化气息的道具，使模特在表演中能充分展示中华民族的服装文化特色，从而也能获得更好的表演效果，传播中华传统文化，让国内外更多的人了解中国服装和中国服装文化（图6-19）。

二、增强模特表现力

增强服装表演的艺术感染力和表现力是每位秀导的目标。运用与表演主题和服装相符的道具，能够极大程度地拓展模特肢体线条，另外也会在无形中增加模特的表现力，让服装表演的艺术内涵得到放大，如运动系列秀场可选用与服装相对应的运动用品（图6-20），以便更好地塑造人物形象，传达作品内涵。

图6-19　秀场"盖娅传说"发布会中的传统道具

图 6-20 运动系列秀场中的道具

三、正确运用道具

　　要让道具更加合理、恰当地运用到服装表演当中，辅助服装展示，首先在选择道具时必须和服装作品以及秀场的主题相符；道具是辅助服装表演的手段，需要服务于服装表演主题的展现，以便让观众沉浸其中。因此道具一定要与模特塑造的形象、表演环境等相符，这样才能够让服装表演更加出彩，才可以让观众融入情境中。另外，模特要不断完善自身的表演技巧，尤其是掌握道具的使用方法，认识道具存在着寓情于物和借物抒情这样的艺术功能，充分发挥道具的作用。

　　模特要注意灵活恰当地运用道具，并在表演实践中总结经验和完善技巧，让服装表演的精髓得到淋漓尽致的体现。

| 附　录 |
课程教纲

一、课程简介

　　服装表演是集服装、表演、音乐、舞台为一体的综合性艺术形式。服装表演课程包括服装表演的基础理论知识、服装表演的展示技能、服饰配件的展示技能、平面展示技巧和表演创意等。学生前期通过对形体、舞蹈、音乐、化妆与发型、服装设计基础的学习，以及对服装表演的运用技巧的学习，在服装展示活动项目中，可以充分运用肢体语言，演绎出能够传递服装设计思想、展示模特风采和时尚生活理念的服装表演作品。

二、教学目的与要求

　　教学的目的主要是使学生掌握服装表演的基础理论知识、服装表演的展示技巧和规律、平面展示规律等技巧；在学习过程中通过大量的相关练习，全面、深入理解和熟练掌握所学内容，从而把握时尚潮流，把握服装表演的规律和技巧，贴切地演绎服装作品内涵，具有较高的艺术修养和创新能力。

　　教师的授课要求：

　　理论部分可采用线上预习或学习、课堂讲授，电子教案、幻灯片等多媒体形式；实训部分采用线上预习、课堂讲解示范、课堂练习等进行课堂教学，每节课布置随堂作业，两次考核，以巩固教学内容，提高实践能力。

　　学生上课要求：

　　学生着微紧身上衣、合体长裤，服装色彩统一，带高跟鞋、运动鞋，女生不披散头发，根据教师要求准备服饰及道具。

三、教学内容

　　（一）服装表演发展历程（本章教学内容皆为了解的内容）

　　教学内容：

　　1. 服装表演起源与发展

　　2. 20 世纪初期中国服装表演的开端

　　3. 改革开放 40 年中国服装表演发展历程

　　（二）服装表演秀场内外（本章教学内容皆为了解的内容）

　　教学内容：

　　1. 服装表演的种类与特性

　　2. 模特形体测量与评价

　　3. 秀场编导与团队构成

　　4. 服装表演场地与舞台

　　5. 服装表演主题与时长

6. 试装与排练

7. 服装风格与服装表演

（三）服装表演的基本方法

教学内容：站立姿态、基本台步、钟表盘造型、停步、基础转体、叉腰的方法、不同形状路线的运用；

掌握：站姿、基本台步、12 点位与 9 点位造型、各种停步及基础转体的基本技能；

理解：运用叉腰的方法；不同形状路线的运用。

（四）服装表演的规律与技巧

教学内容：组合转体、平面造型；

掌握：12 点位与 9 点位不同方向组合转体、平面拍摄站姿腿部造型、平面拍摄上肢造型；

理解：12 点位与 9 点位同一方向组合转体、平面拍摄坐姿造型、平面拍摄创意造型、平面拍摄多人组合造型。

（五）不同的服饰与道具

教学内容：大摆裙的展示、折扇的运用、外套的运用、其他道具的表演规律；

掌握：大摆裙（长裙）的展示、欢乐转体、折扇的运用；

理解：外套的运用；其他道具的表演规律。

四、教学进度计划（实训部分）

课次	教学内容 （每次课前十分钟以及课后五分钟为常规热身、拉伸及放松环节）	学时	作业 （随堂完成）
1	一、认识方位和点位 二、学习钟表盘常用造型 1. 12 点位造型、9 点位造型 2. 钟表盘其他点位 三、学习走姿与节奏练习（慢速、中速、快速） 1. 快速节奏四拍分解步态练习（两拍一跟） 2. 中速节奏 9 点位换重心训练 3. 慢速节奏一拍一跟摆臂训练	4	钟表盘造型 16 个 （左腿主力腿 8 个，右腿主力腿 8 个） 在音乐节奏中四拍一动完成
2	一、复习走姿与节奏练习（慢速、中速、快速） 1. 快速节奏四拍分解步态练习（两拍一跟） 2. 中速节奏 9 点位换重心训练 3. 慢速节奏一拍一跟摆臂训练 二、停步造型 1. 学习直接停步练习（12 点位、9 点位） 2. 学习 180° 停步练习（12 点位、9 点位） 三、学习 12 点位基础转体 1. 学习 12 点位上步 180° 转体 2. 学习 9 点位上步 180° 转体	4	（1）12 点位直接停步 + 上步 180° 转体 （2）9 点位直接停步 + 上步 180° 转体
3	一、复习直接停步与 180° 停步，结合台前上步 180° 转体进行 二、学习 12 点位基础转体 1. 学习 12 点位上步 90° 转体 2. 学习 12 点位移重心 90° 转体 三、停步造型 1. 学习 12 点位两侧 90° 停步、直线练习 2. 学习 Y 形路线停步练习	4	（1）12 点位上步直接停步 +90° 转体 （2）12 点位直接停步 + 移重心 90° 转体

课次	教学内容 （每次课前十分钟以及课后五分钟为常规热身、 拉伸及放松环节）	学时	作业 （随堂完成）
4	一、复习Y形路线停步练习 二、复习12点位两侧90°停步，结合出场停步、中场停步、台前直接停步：上步90°转体、上步180°转体、移重心90°转体分别进行 三、学习12点位基础转体 1.学习12点位移重心180°转体 2.学习12点位上步270°转体 3.学习12点位移重心270°转体	4	（1）12点位直接停步＋移重心180°转体 （2）12点位直接停步＋上步270°转体 （3）12点位直接停步＋移重心270°转体
5	一、复习12点位直接停步后的基础转体6项（详见第四章第一节），并结合出场90°停步依次练习，寻找规律 二、学习12点位直线五点停步 三、学习12点位三角五点停步	4	（1）12点位直线五点停步 （2）12点位三角五点停步
6	一、学习9点位基础转体 1.学习9点位上步90°转体 2.学习9点位移重心90°转体 二、学习9点位三角五点停步 三、学习9点位H形路线停步	4	9点位H形路线停步练习双向往返（从右到左由教师指定，从左到右由学生创编）
7	一、学习9点位撤步转体（撤一步、撤两步） 二、复习9点位基础转体五项（详见第四章第二节）并结合底台90°出场依次练习 三、练习不同表情	4	（1）9点位直接停步＋上步90°转体 （2）9点位直接停步＋上步180°转体 （3）9点位直接停步＋移重心90°转体
8	一、学习上肢叉腰造型并结合12点位基础转体的复习运用 二、学习12点位组合270°转体以及规律 三、学习平面拍摄腿部造型	4	叉腰造型的运用并选择三种转体完成
9	一、学习12点位其他方位停步后的转体规律 1.台前180°停步基础转体 2.两侧90°停步基础转体 二、学习12点位U形路线 三、学习12点位上步180°四角方位练习	4	（1）12点位上步180°四角方位练习 （2）两人一组进行12点位U形路线的分向练习
10	一、学习9点位其他方位停步后的转体规律 1.台前180°停步基础转体 2.两侧90°停步基础转体 二、学习9点位U形路线 三、学习9点位上步180°四角方位练习	4	（1）9点位上步180°四角方位练习 （2）两人一组进行9点位U形路线的分向练习
11	一、复习9点位其他方位停步后的转体规律 二、复习9点位U形路线 三、运用9点位不同方位停步后的转体规律与U形路线编排一组休闲装半成品节目，服装风格统一，可分为5～8人一组不等（考核1）	4	小结与点评

课次	教学内容 （每次课前十分钟以及课后五分钟为常规热身、拉伸及放松环节）	学时	作业 （随堂完成）
12	一、复习 12 点位不同方位停步后的转体并结合倒 T 形、十字形路线练习 二、学习平面拍摄上肢造型 三、学习平面拍摄坐姿造型	4	（1）平面拍摄上肢造型的变化，4 拍一动，设计 16 个造型 （2）平面拍摄坐姿造型，4～8 拍一动，设计 10 个造型
13	一、复习平面拍摄上肢造型、腿部造型 二、学习平面拍摄其他创意造型及多人造型 三、学习 12 点位 360° 组合转体并分析规律	4	（1）4～6 人一组，设计 6 组多人造型 （2）12 点位 360° 组合转体选择其中三项完成
14	一、复习 12 点位 360° 组合转体 二、学习 12 点位不同方向组合转体并分析 三、结合不同路线进行练习	4	两人一组完成 12 点位不同方向组合转体中的左右两侧对称练习的组合各三项
15	一、披肩大摆裙的运用展示 1. 单手提裙造型 2. 双手提裙造型 3. 旋转欢乐转体 4. 组合运用 二、分小组编排运用披肩大摆裙展示	4	小组完成披肩大摆裙的运用展示，自拟主题，自选音乐，时间三分钟左右
16	一、复习 12 点位不同方位停步后的转体，结合叉腰造型、慢节奏音乐练习并体会礼服展示 二、学习不同道具的运用规律 三、结合不同道具复习平面拍摄上肢造型 四、道具结合上肢造型，在 Y 形路线中展示	4	选择一种道具结合平面拍摄上肢造型，在 Y 形路线中展示
17	一、学习折扇的运用展示 1. 开合扇静态造型 2. 开合扇表演设计 二、分小组编排运用折扇的展示	4	小组完成折扇的运用展示，自拟主题，自选音乐，时间三分钟左右
18	一、复习 9 点位不同方位停步后的转体并结合倒 T 形、十字形路线练习 二、学习 9 点位 270° 组合转体 三、学习 9 点位 360° 组合转体	4	（1）9 点位 270° 组合转体选择其中两项完成 （2）9 点位 360° 组合转体选择其中两项完成
19	一、复习 9 点位 270° 组合转体 二、复习 9 点位 360° 组合转体 三、学习 9 点位不同方向组合转体并进行分析	4	两人一组完成 9 点位不同方向组合转体中的左右两侧对称练习的组合转体各两项
20	一、复习 9 点位不同方向组合转体 二、学习外套的运用展示 1. 衣领衣襟运用造型 2. 插兜造型 3. 外套脱卸技巧与展示	4	外套的运用展示 （1）衣领衣襟运用造型 （2）外套脱卸技巧与展示
21	一、总复习 二、运用动态与静态造型编排秀场节目，服装风格统一或成系列，可分为 5～8 人一组不等 三、排练与演绎（考核 2）	6	总结与点评

五、执行大纲的几点说明

1. 先修课程：形体训练、舞蹈基础

2. 后继课程：服装表演组织与编导

3. 课程进度可根据每班学生接受能力灵活调整或删减

期末试题

1. 扫以下二维码获取期末试题。

2. 扫以下二维码，关注"东华时尚"，在对话框中回复"服装表演技能"获取试题答案。

| 参考文献 |

[1] 郭海燕 . 服装表演实训 [M]. 重庆：西南师大出版社 ,2016.

[2] 尹敏 . 时装表演教程 [M]. 武汉：湖北美术出版社 ,2008.

[3] 董军浪 . 新中国时装模特业的启蒙与演进 [J]. 纺织高校基础科学学报 , 2006.4

[4] 张汇文 . 近现代我国服装展演的演变及启示 [D]. 无锡：江南大学 ,2016.

[5] 贺义军 , 张汇文 . 近代中国早期服装表演的启蒙意义 [J]. 丝绸 ,2016,53（5）:66-70.

[6] 李丹 . 新时期中国模特业发展历程（1979-2008）[D]. 北京：北京服装学院 ,2010.

[7] 顾萍 . 服装表演专业高等教育研究 [D]. 北京：北京服装学院 ,2008.

[8] 沈晶 . 姿态表现在服装展示中的应用研究 [D]. 湖南：湖南师范大学 ,2012.

[9] 芮斐 . 服饰平面广告中模特姿态表现的研究 [D]. 安徽：安徽工程大学 ,2016.